U0533333

她本自由

女性破除心理束缚、治愈父权创伤之旅

马思恩 著 凌春秀 译

人民东方出版传媒
People's Oriental Publishing & Media
东方出版社
The Oriental Press

图书在版编目（CIP）数据

她本自由：女性破除心理束缚、治愈父权创伤之旅 / 马思恩著；凌春秀译 . -- 北京：东方出版社，2025. 8. -- ISBN 978-7-5207-4525-3

Ⅰ . B844.5

中国国家版本馆 CIP 数据核字第 2025RF2198 号

她本自由：女性破除心理束缚、治愈父权创伤之旅

TA BEN ZIYOU: NÜXING POCHU XINLI SHUFU、ZHIYU FUQUAN CHUANGSHANG ZHI LÜ

作　　者：	马思恩
译　　者：	凌春秀
策划编辑：	鲁艳芳
责任编辑：	岳明园
出　　版：	東方出版社
发　　行：	人民东方出版传媒有限公司
地　　址：	北京市东城区朝阳门内大街 166 号
邮政编码：	100010
印　　刷：	北京兰星球彩色印刷有限公司
版　　次：	2025 年 8 月第 1 版
印　　次：	2025 年 8 月北京第 1 次印刷
开　　本：	880 毫米 ×1230 毫米　1/32
印　　张：	8
字　　数：	171 千字
书　　号：	ISBN 978-7-5207-4525-3
定　　价：	59.80 元

发行电话：（010）85924663　85924644　85924641

版权所有，违者必究

如有印装质量问题，我社负责调换，请拨打电话：（010）85924602

谨以此书献给我的祖母容振利（1903—1992），她用中国农民特有的传统智慧激励着我，让我有勇气去追寻并活出真实的自己。

Footbinding:A Jungian Engagement with Chinese Culture and Psychology 1st Edition / by Shirley See Yan Ma / ISBN: 9780415485067

Copyright © 2010 by Routledge. Authorized translation from English language edition published by Routledge, part of Taylor & Francis Group LLC; All Rights Reserved.

本书原版由 Taylor & Francis 出版集团旗下 Routledge 出版公司出版，并经其授权翻译出版。版权所有，侵权必究。

Beijing SENMIAO Cultural Media Co., Ltd. is authorized to publish and distribute exclusively the Chinese (Simplified Characters) language edition.

This edition is authorized for sale throughout Mainland of China. No part of the publication may be reproduced or distributed by any means, or stored in a database or retrieval system, without the prior written permission of the publisher.

本书中文简体翻译版授权由北京森喵文化传媒有限公司独家出版并仅限在中国大陆地区销售，未经出版者书面许可，不得以任何方式复制或发行本书的任何部分。

Copies of this book sold without a Taylor & Francis sticker on the cover are unauthorized and illegal.

本书贴有 Taylor & Francis 公司防伪标签，无标签者不得销售。

目 录

推荐序 / 01

自 序 / 05

第一章 初见"金莲" / 001

第二章 妲己的小脚 / 021

第三章 儒家之道 / 037

第四章 掌上明珠 / 055

第五章 西王母 / 081

第六章 叶限：中国版灰姑娘 / 103

第七章　秋瑾：被砍头的烈士　/ 129

第八章　秦家懿：辗转在东西方之间　/ 147

第九章　露比：打开新世界　/ 165

第十章　碧玉：松开裹脚布，恢复天足　/ 187

第十一章　对缠足与"金莲"的反思　/ 215

致　谢　/ 235

推荐序

作为马思恩的分析师、同事和朋友，我和她打交道已经有30多年了，所以我深知写这本《她本自由》对于她而言是一项多么艰巨的任务。我很高兴她最终成功了。这是一本史无前例的著作，无论是在分析心理学领域还是在文化和意识研究领域，它所做出的贡献都是不可估量的。它提供了关于深层原型的广博知识，同时揭示了在从心理学角度理解各种文化的过程中，象征符号所具有的强大力量。只有像思恩这样深谙中西方文化的人才能写出《她本自由》这样的作品。

马思恩是一位出生于中国香港的华人女性，18岁之前她一直在那里生活。思恩从小深受其祖母和母亲的文化熏陶，后来她又带着这一文化传承移居加拿大。只是，到了加拿大后，她便"竭尽全力地融入西方"，学习如何在这两种不同的文化间活得从容自在。她学的是理科，获得了硕士学位，在医学领域取得了梦寐以求的成功。

研究荣格心理学是她遵循内心梦想的举动。多年后，她去了瑞士苏黎世，成为第一位从荣格研究所（C. G. Jung Institute）毕业的华人分析师。在研究所学习期间，经由各种各样的梦境，她重新与中国的一些象征、意象和神话建立了连接。认识到这些连接在深层心理层面产生的意义后,她开始探索它们。其中最令她感到震撼的就是中国曾经的缠足习俗。随着探索的深入,她意识到可以把这个令人震撼的意象看作华人女性自我价值感丧失的象征。

思恩的佛学造诣颇深,对与禅宗公案"父母未生前,还我本来面目来"相关的知识尤其精通。这些知识引导她到达了某种心境,让她忆起曾在香港街头看到的一个女子,这个女人当时困顿穷苦,为了让自己和孩子活下去不得不当街乞讨。女人行走困难,因为她的一双脚从幼年起就被裹成了"三寸金莲"。接着思恩开始回想起自己生活中遇到的那些同样自幼就被缠足的女性。

然后,思恩想到了自己自我价值感丧失的状态,并恍然大悟,原来,存在于她无意识中的缠足意象竟深深根植于一千多年来女性自尊丧失的诸多意象中。女孩子们通常在6岁左右开始缠足,从此就被剧痛折磨着。

而对于西方女性来说,这些故事可能会唤起她们内心痛苦的画面,虽然她们并没有真正体验过缠足之苦,但她们同样在现实中经历过想说出真心话时三缄其口,想表现出真性情时战战兢兢。作为荣格学派分析师,思恩先后在瑞士、加拿大、中国香港执业,丰富的工作经历让她深刻领悟到,缠足这一意象代表着父权社会中的所有女性所遭受的苦难和阴性本质所受到的压抑。

思恩以她的慈悲心肠和极富感染力的笔触,对"缠足"这一象征着女性所受束缚的意象进行了深度探索。但这一意象又不仅限于女性。

我们要讲的不仅仅是过去，不仅仅是旧中国，也不仅仅是女性，还要讲我们垂死的大地母亲、她生命的脉搏，以及她那被邪恶的父权所毒害的树木和河流。我们还要讲那残暴的父权，它为女性定下条条框框、剥夺了女性地位、侵蚀着阴性本质生长的土壤。为了堵住女性的嘴，剥夺她们说真话的权利，它甚至通过法律迫害那些勇敢的女性。

　　如果想让我们生活的这个星球持续存在，就必须将那些又长又臭的裹脚布剪断、撕碎、烧成灰；让男人和女人内在的阴性本质发声，担起应担的责任，脚踏实地，怀着坚定的信念拯救大地母亲，允许她的女儿们——女人和男人内在的阴性本质——能够勇敢地说出真心话，让人们热爱并接纳真实的自己。

玛丽恩·伍德曼（Marion Woodman）

2009年6月26日

自　序

《她本自由》记录了我对中国古代缠足这一习俗背后的心理意义所做的探索。对这个课题的兴趣源于在苏黎世城外的树林里与一位华人小脚老太太的邂逅。当时我刚到瑞士参加荣格研究所举行的分析师培训。与这位老太太的会面不可避免地让我回想起在中国香港生活的童年记忆。当时，在我的家族里和我生活的社区中，有不少裹着小脚的女人。为了进一步了解我对这段经历的情感反应，我深入研究了中国的文化史，包括宇宙学、神话、传说、童话故事、儒家思想、道家思想、传统文学。不但如此，我还结合来访者的案例以及她们讲述的梦境，力图为这种古老习俗的起源和演化找到一些解释，并找出它可能对现代男女的心理产生的影响。

在缠足习俗盛行的整整一千年里，母亲们在女儿尚且年幼的时候就将她们的脚紧紧地包裹起来，这种做法给女孩们带来了极大的痛苦，让她们变得孱弱无力、行动不便，一双脚也逐渐变得奇形怪状。"金莲"是一个看似美好的词，指的却是旧社会中国缠足女性那双残缺畸形的小脚。女儿的小脚是母亲日复一日裹出来的，但这样做是为了父亲——这样才能确保他的女儿是一个有身价的、能嫁出去的、让男人觉得拿得出手的新娘。换句话说，这样做是为了让她符合一个极端的父权社会对女人的苛刻要求。缠足的习俗在20世纪初被废除了。然而，在今天的华人社会，我们依然能偶尔看到裹着小脚的老太太，尽管她们的数量正在急剧减少。

早期的传教士们曾对当时盛行的缠足习俗深感惊骇，并积极呼吁将此行为正式废除。而秋瑾是中国第一位公开抨击这种做法的女性政治活动家，她呼吁进行改革以结束中国女性长期的从属地位和受压迫的命运。但她发现自己孤掌难鸣：不仅在反对"缠足"这一残忍习俗的时候应者寥寥，在声讨被奉行了3000多年的僵化的儒家体系时，她同样陷入了孤军奋战的局面。最终她被斩首了，但她的牺牲唤醒了女性继续为争取平等、自由和幸福权利而斗争的意识。虽然秋瑾对易卜生一无所知，但她称得上是中国女性中的第一个"娜拉"，随后大量涌现的"娜拉"都视她为榜样。

这本书可为华裔女性（和男性）及其治疗师提供一些特别的见解。对于那些在以父为尊的家庭中长大的女性，以及生活在父权至上且等级分明的集权制度下的女性来说，本书同样会让她们受益匪浅。在阴性特质和女性本身被贬低的情形下，"缠足"就成了一个强有力的隐喻。在与来自苏黎世、多伦多和中国香港的众多来访者（不分男女）一起工作时，我发现无数现代女性在象征意义上被裹了小脚。不管其血统如何，她们就像中国古代那些孝顺的女儿一样，以取悦他人为己任。她们努力去达到那些难以企及的完美标准，把自己的身体折磨成符合男人和社会期许的模样，全身心地投入到实现父母或丈夫的梦想之中，却将自己的梦想抛诸脑后。由于无法在大地母亲身上找到自己坚定的立足点，这些女性与她们与生俱来的阴性原型能量断了联系。

通过分享这些女性的故事，本书揭示了缠足虽是女性所受苦难及阴性本质遭受压抑的隐喻，但也是希望和创造性转变的有力象征。对于很多现代女性来说，这本书让她们感受到了治愈性的鼓励——鼓励她们重拾与生俱来的阴性能量，找回真正的自我，脚踏实地地活出真正的自我，同时与他人和谐相处。

马思恩

于中国香港

多伦多巴塔鞋博物馆（Bata Shoe Museum）版权所有。

第一章

初见"金莲"

开始在位于苏黎世的荣格研究所接受分析师培训时,我完全没有意料到,这段在中欧生活并潜心向这位卓越的瑞士精神病学家学习的经历会让我踏上一段回溯中国传统文化的冒险之旅。我曾以为自己已经把这些远远地抛在身后了。

年满18岁后不久,我就离开了香港的家,移居到北美生活。为了在大学里融入其他同学,我尽可能地让自己变成一个西方人的样子。我选择了理科并顺利地拿到了硕士学位,最后在医学领域取得了梦寐以求的成功。十几岁时对中国历史、文化和文学的兴趣早就被我搁置了。

但数年之后,就在刚搬到苏黎世后不久,我开始体验到形形色色的梦境,机缘巧合之下,对中国的符号、意象、神话和传统产生了日益浓厚的兴趣。类似的很多机缘都含有共时性(synchronicity)元素。在荣格理论中,共时性有时被定义为"有意义的巧合"或"有意义的偶然",但更准确的解释应该是:虽然发生在外部世界,却以一种意味深长的方式与我们内在心灵的某个心理现象恰好同时出现。此类事件最奇妙之处在于，它们往往反映了一些我们当时完全没有意识到的深层心理真相。这正是我的切身体会，因为我所经历的很多此类事件或多或少都与中国的缠足文化有关。然而当时，我并不知道自己最终会潜心探索这一现象，也没有想到有一天我会将其视为一个特别有力的象征——一个可以帮助我们疗愈伤口、唤醒力量并找回女性自我和价值的强大隐喻。

与缠足文化的第一次巧遇发生在我搬到苏黎世后不久。有一天，我和往常一样去林中散步，返回途中偶然抬头看见一位华人老太太，她当时大概已近耄耋之年，正和一个小男孩走在小路的另一侧。在异国他乡看到一个来自相同文化背景的人令我非常兴奋，于是我毫不犹豫地上前打招呼，并做了一番自我介绍。老太太对我的热情似乎略感惊讶，但很快就和我熟稔地攀谈起来。她说自己是来苏黎世看望女儿和女婿的，那个小男孩是她的外孙。随着话匣子的打开，我了解到她原来是上海人，但在1949年后移居台湾。很明显，她对自家女儿女婿很满意并引以为豪，她告诉我他们是美国一所著名大学的教授，目前他们正以访问学者的身份旅居苏黎世。她开始滔滔不绝地说起女儿女婿在各自领域获得的学术成就，完全没有对我表现出任何兴趣，对我在瑞士可能干什么也没有表示任何好奇。

眼看着老太太说起来没完没了，我开始感到不自在，甚至想逃之夭夭。所幸那个小男孩变得不耐烦了，他急着继续赶路，这才让老太太意犹未尽地结束了她的独白。分道扬镳的那一刻我如释重负。目送她离开时，我注意到她一只手拄着拐杖，另一只手扶着她的外孙。低头看到她的脚时，我惊讶地发现她的脚特别小，还穿着一双特制的皮鞋。后来回想起这场偶遇时，我才意识到那位老太太实际上裹了小脚，这一发现惊呆了我。

不过，由于我当时正醉心于学习心理分析，更关注如何理解这位老太太在我内心引发的感受，对她的小脚并没有太在意。老太太对其家人所取得的成就的夸耀令我产生了自卑感，让我觉得自己不够好、很没用。经过一番深度思考后我意识到，之所以她对我产生如此大的影响，原因之一就是我是在受英国殖民统治的香港长大的，在那里，理工学科不仅被认为比任何艺术或人文学科更有用，还被视为在各方面都比其他研究领域高出一等。我在香港求学期间，那里的女学生们同样面临着相当大的压力，她们必须在由男性主导的领域努力证明自己。来到苏黎世后，我放弃了医疗健康领域的事业，在此领域我已经步入正轨，脚下是一条可以迅速晋升的康庄大道。而现在的我不仅一头扎进了人文学科，闷头学习的还是其中一个比较晦涩深奥的分支，这是一个让我的家人和许多中国朋友觉得难以理解的决定，他们认为这对于我的职业前景和未来保障而言是毁灭性的。

直到多年以后，我才意识到这次事件中存在的共时性——一方面是具有强烈心理象征意义的女子缠足，另一方面是我正在体会到的对自我价值的怀疑，而这两者之间是有联系的。我还发现，自己的双脚在心理上被裹住了，就像我后来在工作中遇到的许多女性一样。还好，当时的我至少意识到了这些负面情绪是需要处理的。

我也确实无法忽略它们，因为在这样一种完全背井离乡的状态下，它们变得如此强烈。从奔赴苏黎世接受荣格学派分析训练的那一刻起，我就全身心地投入到荣格所说的自性化（individuation）过程中。自性化有时被描述为追寻圆满的过程，就像一颗蕴含了所有必需元素的种子最终开出了娇艳的花。这意味着扔掉人格面具——那个呈现在世人眼前的，通常只反映了我们最理想化形象的"我"，并开始探寻真实的自我。

回想起来，我发现自己当时采取的方法是相当极端的，并不值得推荐。移居苏黎世后，我在这座城市随处可见的树林中找到了一个住处，那是一座已有300年历史的农舍——事实上不过是一间小屋而已。虽然小屋通了电，也有限量的热水供应，但屋内唯一能用来取暖的只有那几个炉子，还得我自己劈柴生火。小屋没有直接通往主干道或人行道的路径，所以我不得不背着装满书、杂货或其他物品的背包，徒步上下陡峭的山坡。在学院上课、学习或接受数小时必要的分析之外的时间，我会记录我的梦，练练太极，在树林里散散步——基本上过着与世隔绝的生活。

现在我已经意识到，当时的自己被自我实现的需要和精神启蒙的渴望驱使着，怀着一种开拓者的热情开始了上下求索。我从未稍作停留去想一想这样做会遇到多大的困难，尤其是在刚开始的时候。我不仅离群索居，整个生活也被彻底颠覆了。突然之间，置身于一个语言不通、文化迥异的国家，基本的日常生活完全被打乱——我必须摸索着找路、尝试着与人沟通、购买食材，然后在没有任何我一直依赖的便利设施的情况下准备一日三餐。我茫然无措、孤立无援且脆弱无助。

此外，在某种程度上，可能正是因为这样的生活环境，各种具有震撼性的梦境像潮水一样朝我席卷而来，其中一些与我过往的生活情境有关，还有一些则带有深刻的神话主题，我必须费尽心思才能理解。这让本就难以适应新环境的我更添了沉重的精神负担。这样的苦难完全出乎我意料，一时令我不知所措。我毫不意外地抑郁了。

尽管面临着重重困难，但我知道这是一条正确的道路。在荣格研究所接受训练的5年里，我一直住在那个与世隔绝的小屋中。这样的生活给了我足够的时间去领悟佛家所说的"参我本来面目"，或者换句话说，去发现真实的自己——与生俱来的真我。从前，我一直带着人格面具生活，那是一个被人为地与我的职业合而为一的假性自体。而我需要舍弃那一职业及与之相关的生活方式，住在树林里，融入大自然中，才能找回并治愈本我。

佛家还有另一个与"参我本来面目"类似的表达，这是一句祈语——"父母未生前，还我本来面目来"。一方面我无比渴望了解父母未生我之前我的本来面目，另一方面我又因当前的生活窘境而困顿不堪，这正是我在路上遇到那位小脚老太太时的心境。难怪她对我产生了那么大的影响。她的那双小脚在我脑海中挥之不去，很快就勾起了我童年的记忆。其中有一个片段非常清晰：在我8岁那年，有一天我正走在香港一个熙熙攘攘的露天市场，迎面碰上了一群人。他们正盯着一个年轻漂亮的女人看，那个女人抱着一个婴儿，坐在一条肮脏的红色被子上行乞。她那具有古典韵味的美貌给我留下了深刻的印象，与她脸上流露出的无助和羞愧的表情形成了鲜明的对比。她茫然地望向远处，眼神里充满了恐惧。我当时天真地问自己，她为什么不去找份工作呢？然后我低下头，注意到这个女人的脚非常小，只有三四寸长，脚上穿着一双脏兮兮的红色缎面绣花鞋，这双鞋曾经一定非常漂亮。

我这才明白她为什么会坐在地上。她的双脚被"绑住"了。我对她的行动不便和凄凉处境充满了同情。虽然那时尚且年幼，但我心里很清楚，如果不去乞讨，自杀可能是她唯一的选择，这让我心惊不已。

回想起来，我意识到，正是她的小脚使她在人群中如此引人注目。

多年后，当我在苏黎世思考她的命运时，与缠足有关的更多记忆鲜活地浮现在我的脑海中。我羞愧地想起自己曾和兄弟姐妹一起取笑家中厨娘那双缠过又放开、近乎畸形的脚。我还不由自主地想起了住在附近的其他小脚老太太，不论贫富都有。1982年，我去杭州旅行，在那里看到了比香港更多的小脚老太太。

随着这些过往在我脑海中一一浮现，更多与我自身相关的回忆也纷至沓来。我开始记起父母曾追忆的那些往昔，想起他们给我讲过的那些故事。例如，我记得母亲有时会抱怨她自己母亲的脚有多难闻。虽然我知道外祖母的脚是被缠过的，但从来没有把母亲描述的那股难闻的气味与她裹过小脚这件事联系起来——尽管这在中国是众所周知的事实，因为缠足女性的脚上总是缠着厚厚的裹脚布，脚经常溃烂，被扭曲挤压的脚趾和腐肉清洗起来极其不易，所以才会臭气熏天。回忆多少让我有点瞠目，我第一次理解了外祖母裹小脚是怎么回事！她一定为此吃了很多苦，而我却根本没放在心上。我开始意识到，事实上，我把所有与缠足有关的话题，甚至它们在我生命中所扮演的角色，完全视为了理所当然的存在。

意识到这一点后，我想到我父亲的祖母，即我的曾祖母也是裹了脚的。父亲年幼时，因为祖父突然离世，祖母不得不带着他和另外4个孩子搬去和这位曾祖母同住。我慢慢回忆起父亲说过的往事，他和兄弟姐妹们经常利用这位曾祖母行动不便来捉弄她。其中一件恶作剧对我父亲的一生产生了极其深远的影响。有一天，父亲悄悄走到曾祖母身后，拽了拽她的裤腰带。曾祖母穿的是传统的中式裤子，这种裤子非常宽松，因此被拽后立即掉到了地上。那个年代的中国女性是不穿内裤的，这让她突然在孙子们面前裸露了下半身。羞愤交加的曾祖母挣扎着想去追打他们，却因为小脚跑不动而力不从心。后来她大发雷霆，不仅把怒气发泄到两个孙子身上，还冲着祖母撒火，斥责祖母对儿子管教不力，声色俱厉到祖母难以承受的地步。第二天，祖母就收拾好她那微薄的家当，带着5个孩子离开了婆家这个庇护所，徒步前往香港。在孩子们都光着脚的情形下，他们整整走了11天。

多年后我才意识到，这个故事是我的低自我价值感与缠足意象产生深刻的共时性联系的关键之一。其中一个原因是这件事改变了我父亲的人生轨迹，而它与曾祖母的小脚脱不开干系。当父亲一家和曾祖母一起住在村子里的祖屋时，虽然家里很穷，但基本的温饱至少有保障，而在香港的情况却并非如此。这座已经拥挤不堪的城市里挤满了人，我的祖母没有任何技能来养活5个孩子。他们被迫生活在赤贫之中，如此恶劣的条件让父亲相继失去了两个心爱的弟弟妹妹。这一切都给我父亲留下了难以磨灭的伤疤，这也是他为自己的孩子设定高标准的原因之一。有多高呢？高到我努力多年依旧无法企及。在如此恶劣的条件下生活自然也给我祖母留下了终生的烙印，这对我的生活也产生了深远的影响——为了不让她感到膝下空虚，还在襁褓中的我被送去和她一起生活，她成了我的实际抚养人（这种做法在中国家庭中并不少见）。

当然，刚到苏黎世的时候，我还没有把这些联系起来。但是，与缠足有关的强大意象确实已经开始发挥作用，它闯入我的无意识，激励我不断向前，并在无意识深处不断地鞭策我，让我健步如飞、上下求索，踏入那座由中华传承数千年的神话、象征、传说和传统构成的文化迷宫。

作为这个传统的一部分，缠足已经有1000多年的历史了。在它存在的漫长时光里，给女儿裹小脚是母亲们的责任，有时也是被迫服从的命令。缠足通常在孩子六七岁时就开始了，难以忍受的疼痛可能会持续数年，让她们深受折磨，并严重限制了她们的行动能力。那个上一年还和小伙伴们一起在草地上奔跑跳跃的女孩，下一年却只能乖乖地待在闺房里。她再也跑不动了，只能被扶着、搀着，或者蹒跚而行。母亲们这样做是为了让自己的女儿被社会接受，在婚姻市场上具有竞争力，取悦她的父亲和未来的丈夫。如果她嫁不出去，就会被视为耻辱和累赘，成为家庭的沉重负担。

多年来，我对自身文化的总体理解，尤其是对缠足习俗的理解，对我的影响越来越大。最初开始探索缠足的历史时，我只是为了发掘它在我个人生活中的意义。当成为一名分析师，在这个领域工作了几年之后，我开始把它看作一种隐喻，它可以帮助来访的华人女性实现心理上的成长和康复。不过后来我发现，它对许多西方女性也有着深刻的意义和价值。

最初是从个人经历，后来是从女性来访者身上，我发现我们很多人的双脚在心理上被"束缚"了。当你读完本书讲述的女性故事时，你会发现这种"束缚"可能会以很多不同的形式出现。比如，为了获得外在的成功而不惜一切、为了追随别人的梦想而罔顾自身意愿、为了迎合社会和男人的喜好而拼命修身塑形等，不一而足。

不过，当你在接下来的章节中深入了解中国的女神仙、女圣人以及神话和现实中女英雄的故事时，你还会发现，无论缠得多紧的裹脚布，都是可以被慢慢解开的。为什么？虽然缠足这一中国独有的行为隐喻了女性遭受的苦难和阴性本质受到的压抑，但中国的神话、传说和典籍中还有诸多强大的意象，它们可以帮助你在探索中找回与生俱来的阴性原型力量。

在详细讨论荣格理论和个人成长中极其重要的阴性原型的含义之前，我们有必要先探讨一下缠足这一习俗本身。我从一开始就不理解为何会有这样矛盾的存在——在孕育出《易经》《道德经》这样的精神经典以及《论语》这样关于道德和伦理行为的深刻论著的如此高度成熟和博大精深的文化中，为何会滋生这样一种残忍可怕的习俗。

毋庸置疑，缠足是一种残忍的行为。我的一些西方朋友告诉我，他们一直认为缠足只是对女性的脚稍作限制使其看起来更小巧精致而已。而事实上，在缠足的过程中，女性的双脚会彻底变形，造成终生残疾。裹小脚的目的不仅是让整个脚面显得更小巧精致，而且为了达到最佳效果，还力求让脚形成一个窄而弯曲的月亮形状，整体长度不超过三四寸（图1.1）。

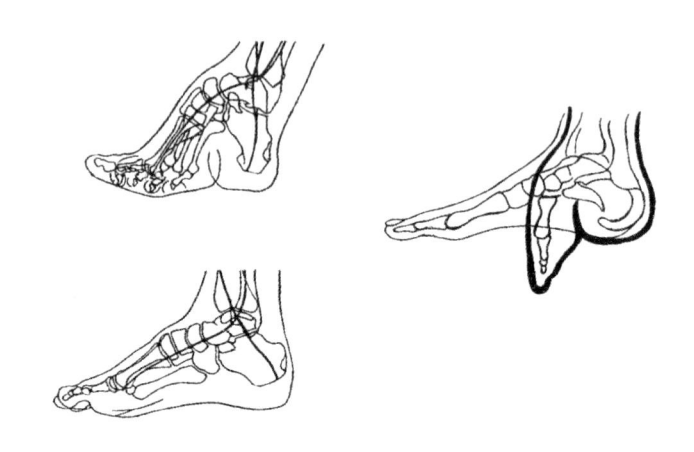

图1.1 缠足与天足的骨骼图（来自同等身高的中国旧社会女性和越南女性，弯曲的效果与脚在高跟鞋中的外观和位置相同）

资料来源：Dr. Eugene Vincent, *La Médicine dans Chine au XX Siècles* (Paris: G. Steinheil, 1915)。

为达此目的，缠足通常在女孩六七岁时就开始了。渐渐地，除大脚趾之外的脚趾都向下弯曲，直到被完全扭曲、压平并嵌入脚底。与此同时，跖骨，也就是脚上的骨头，被狠狠地挤压在一起。不仅如此，这些骨头还会被向下、向后拉扯，好把脚趾尽可能地拉向脚后跟，让脚趾最终看起来是从脚踝直直垂下，以此形成类似新月的脚形，不再是正常的脚掌形状。而由此产生的短而窄、呈弯月形的曾经是脚的东西，即被称为"金莲"（图1.2）。

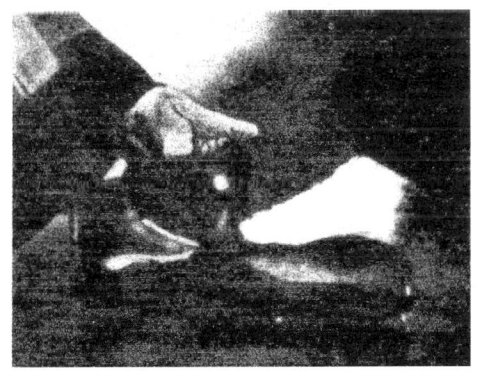

图 1.2　女性天足与长度分别为 6 寸和 4.5 寸的缠足的对比

资料来源：Mrs. Archibald Little, *Intimate China* (London: Hutchinson and Company, 1899)。

安德里亚·德沃金（Andrea Dworkin）曾义愤填膺地写下了《恨女》（*Woman Hating*）一书，书中有一章题为"女性大屠杀：中国的缠足习俗"（*Gynocide: Chinese Footbinding*）。为了帮助读者想象缠足究竟是什么情形，作者在该章节中提供了以下操作步骤：

（1）找一块 10 英尺（1 英尺 = 0.3048 米）长、2 英寸（1 英寸 = 0.0254 米）宽的布。

（2）找一双童鞋。

（3）把除大脚趾之外的脚趾掰向脚底，用上面提到的那块布将这些脚趾全部缠起来，然后再把脚后跟也缠上。让脚后跟和脚趾尽可能地靠近。把整块布都缠上，缠得越紧越好，让大脚趾尽量向上，形成一弯新月的形状。

（4）将裹好的脚挤进童鞋里。

（5）走路。

（6）想象你刚 5 岁。

（7）想象你得这样过一辈子。

在这个过程中，母亲要做的不仅是把女儿的脚缠起来，还得时刻盯着她，以防她松开裹脚布。在内容丰富的著作《金莲之恋：中国缠足奇特情色习俗全史》（*The Lotus Lovers: The Complete History of the Curious Erotic Custom of Footbinding in China*）中，作者霍华德·列维（Howard S. Levy）引用了一位小脚老太太的回忆，讲述了这个过程是多么痛苦：

> 我出生在平溪的一个老式家庭，7 岁时就被迫品尝了缠足之苦。小时候我是一个很活泼的孩子，喜欢跳来跳去，但从缠足的那天起，我那自由乐观的天性就消失了……那天我

哭着躲在邻居家,但母亲还是找到了我,她骂了我一顿后就把我拖回家。到家后,她关上卧室的门,烧了一锅开水,然后从一个盒子里取出裹脚布、小脚鞋、刀和针线……她把我的脚洗干净并涂上明矾,还给我剪了脚指甲。然后,她用裹脚布把我的脚趾狠狠地绑到脚底板上……绑好后她就命令我走路,但脚一落地我就疼痛难忍。

那天晚上,母亲不准我脱鞋。我的脚火辣辣地疼,所以我怎么也睡不着,因为我一直哭,母亲还揍了我一顿……

这种程度的剧烈疼痛通常会逐渐减轻,持续的时间不久,一般在一年半到两年之间。对于大多数女孩来说,熬过这段漫长的时间后,她们的脚已经变得麻木无感了。当然,她们的行动能力再也无法真正恢复了。当一个女子的脚被裹小后,你完全可以想象走路对于她而言有多艰难。至于到底有多艰难,很大程度上取决于她的脚有多小。不过,小脚最终的实际长度取决于诸多因素,包括几岁开始缠足以及裹脚布缠得有多紧。

一般来说,女子的脚越小,在行走和处理日常事务时需要的帮助就越多。那些来自上层阶级、有很多仆人的女子的脚往往最小,实际上,她们中的有些人甚至无法走路,需要靠人抬来抬去。根据双脚的大小和具体情况,有的女子需要有人扶着走路,有的需要拄着拐杖,还有一些可以靠自己蹒跚而行。但是,裹小脚的女子无一例外都行动不便,她们行走的时候(她们如果能走的话)看起来摇摇摆摆,而这样的步态却被那些鼓吹缠足的人比喻成蝴蝶翩跹。最终,被裹得最小的脚象征着极致的美丽。一个男人若想赢得自己的社会地位,娶个小脚妻子是其中的一个必要条件,而妻子莲足的大小是判断丈夫地位高低的一个重要因素。除此之外,女子的三寸金莲也被认为是香艳销魂的,关于这一点,稍后会披露更多细节。小脚女子被认为是楚楚动人、不食人间烟火的"尤物",这类"尤物"最大的心愿就是满足男人的幻想。由于缺乏独立的行动能力,她们只能完全依赖自己的丈夫,可谓被锁在深闺之中。

显然,父权社会是缠足这一习俗的始作俑者,也是最大的拥趸,但我们必须承认的是,这种陋习能延续数个世纪之久,其中少不了女性的为虎作伥。汉学家高彦颐(Dorothy Ko)在其著作《步步生莲:小脚绣花鞋》(*Every Step a Lotus: Shoes for Bound Feet*)中,就女性在延续这一习俗中充当马前卒的原因提出了一些见解。她指出,没有缠足的女性会遭到社会的嘲笑,如果一个女人拥有一双大小正常的脚,就会被称为"鸭脚"或"船脚",当她出现在大庭广众之下时,就会被视为人人皆可贬低嘲讽的对象。在世人眼中,一双小脚能让女子显得美丽动人,因为在那个时代,女子除了嫁人别无选择,所以,能不能"打动人心"是极其重要的。不但如此,在女孩的父亲眼中,有一双小脚无疑会让这个女儿的身价大增,因为父亲的目标就是为她安排一桩能够提升整个家族财富和社会地位的婚事。

高彦颐还提到,那些嫁得好的女性会因自己对父亲和家族所做的贡献而感到自豪。而且,如果能嫁得良人,她们就会得到丈夫的宠爱。

虽然大门不出二门不迈，但按照高彦颐的说法，女性在后宅是可以当家做主的，所以势必有不少女子觉得这种闺阁生活很惬意。她们享受着与其他后宅女子的人情往来，潜心钻研女红——通常是以制作精致繁复的绣花鞋为主。这些小鞋子通常绣工精美，而且设计得非常有创意（图 1.3）。鉴于这些女性所处的时代和地域不同，她们中的一些人也受到了良好的教育。事实上，在某些时期，女性的文学造诣和取得的成就是有目共睹的。例如，17 世纪的闺阁女子们创作的大量诗歌和散文中，有一些就称得上是中国文学殿堂中的瑰宝[1]。

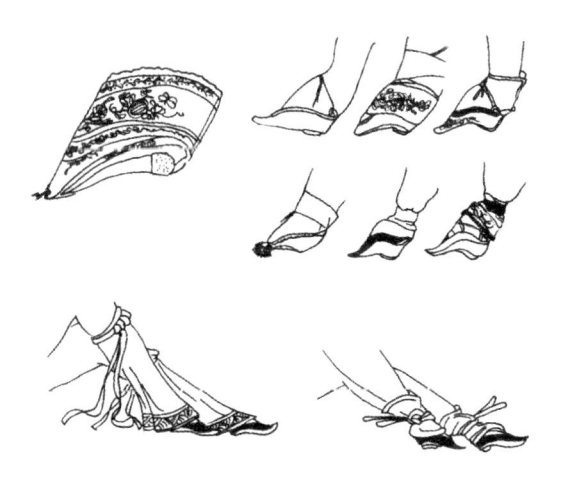

图 1.3 各种款式的小脚鞋和裹脚布
资料来源：克里斯蒂·沈（Christy Shum）绘图。

---

[1] Dorothy Ko, *Teachers of the Inner Chambers:Women and Culture in Seventeenth-Century China* (Stanford, CA. University of California Press, 1994).

高彦颐还指出，缠足并不是随随便便的，什么时候开始裹，什么时候更换裹脚布，什么时候可以裹得更紧以及什么时候洗脚都有郑重其事的仪式。缠足过程中用到的工具做工精美，通常被小心地保存在一个非常特殊的盒子里。第一次缠足的时候必须选一个良辰吉日，这样就能尽量让女孩少吃点苦头。母亲的态度也非常重要。并不是所有女孩都像列维的书中所举的例子那样遭到殴打或粗暴对待。事实上，许多母亲在为女儿缠足的时候都是于心不忍的，因为她们完全能感同身受。列维指出，有证据表明，母亲的这种态度能够让备受折磨的女儿好受一点。

当然，这些貌似正面的说法并不能充分解释为什么这种习俗会持续这么久，或者为什么母亲们要一代又一代地延续这种做法（虽然很多母亲并不情愿这样做）。为了更好地理解这一点，我将在下一章中简单地介绍一下缠足这一习俗的演变史，以及传统的儒家家庭价值观对女性的深刻影响。所谓的儒家家庭价值观，是指那些约束家庭成员一言一行的极其严格的教条，它们是由那些解读（很多人也说是误读）孔子教义的男人制订的。

同时，我们必须认识到，虽然缠足这一习俗已经消失在历史的长河中，但丝毫没有削弱它作为一种象征所蕴含的力量。在荣格学说中，象征是无意识使用的语言。象征与标志的不同之处在于：标志——例如，出现在洗手间门上的标准的女性肖像——给出了具体明确的信息；而象征则不同，因为每一个象征都孕育着意义。它超越了人类的意识，表达了未知的奥秘，连接了过去和未来。在个人层面，象征是精神能量的转换器。因此，它具有疗愈心灵、实现蜕变的力量。

荣格认为，就无意识而言，它还有一个不同于我们个人无意识的层面，他称之为"集体无意识"。在《心灵的结构与动力》(*The Structure and Dynamics of the Psyche*)这部文集中，荣格将其定义为整个人类心灵的一个层面，其中包含"人类进化过程中的全部精神遗产，而这些遗产重生于每一个人的大脑结构中"。[①] 集体无意识可被视为人类共有的全部原始意象和神话母题的储存库。这些共有的模式和母题就是荣格所说的"原型意象"（archetypal images）。这些意象以象征和隐喻的形式出现在各种传统、神话、童话、经典传说和传奇故事中，试图告诉我们一些东西。此外，它们还会通过梦境向我们传递信息。

在此基础上，我开始通过探索与缠足相关的象征来了解其更深层次的原型意义。在荣格看来，脚本身就是一个极其重要的象征。脚代表我们的立场——我们观察外部世界的态度和视角。因此，脚代表了我们作为个体与整体现实的关系。我们用双脚站着直面世界，靠双脚带着前行。

虽然某一象征的深层无意识意义永远无法用文字充分表达出来，但我们可以通过思考象征的常用表达方式来揣测其深层意蕴。各种包含"脚"的短语表明，我们的脚确实与我们看待世界的方式息息相关。

[①] Carl G. Jung, *The Structure and Dynamics of the Psyche, The Collected Works of C.G. Jung* (cited throughout as CW), Vol. 8, Bollingen Series XX, edited by Sir H. Read, M. Fordham, G. Adler, and Wm McGuire, trans. R.F.C. Hull (except Vol.2) (Princeton, NJ: Princeton University Press, 1953-1979), para. 342.

比如，在英语里，自力更生（stand on your own feet）、全力以赴（put your best foot forward）、站稳脚跟（find your feet）、安渡难关（land on your feet）、寸步不让（put your foot down）、致命弱点（feet of clay）这些与"脚"相关的说法都与我们为人处世的方式有关。值得一提的是，它们全都具有极大的情感分量。

在许多文化中，脚具有生殖器的含义，而且历来被认为与传宗接代有关。尤其是女性的脚，长期被视为生殖与繁育的象征，与大地母亲联系在一起[1]。

"金莲"一词也有相似的内涵。自古以来，黄金就与生育、欲望和性联系在一起。爱神阿佛洛狄忒（Aphrodite）是掌管情爱和婚姻的女神，她拥有一条与其形象无比契合的金色腰带。据说，当她系上这条闪闪发光的腰带时，她的美貌和性吸引力就会被放大，无人能抗拒其魅力。在古希腊为供奉她而建造的神庙中，女祭司们会与男信徒们进行带有固定仪式的神圣的性行为，而这些行为意味着与女神的结合，因而也代表着与神性的融合。

因为黄金的杂质都在烈火与高温中去除了，所以它经常被用来代表纯净。作为最贵重的金属，它也一直被用来象征不朽和最崇高的精神价值。例如，它代表着修行的终极目标——实现长生不老或找到至

---

[1] Carl G. Jung, *Symbols of Transformation*, CW 5, paras. 356,439,480; William A. Rossi, *The Sex Life of the Foot and Shoe* (London: Routledge and Kegan Paul, 1977), pp.1-13.

上大道[①]。事实上，在炼金术中，黄金有时被认为代表神灵本身。

有意思的是，同黄金一样，莲花一直以来也与生育、不朽、纯洁和灵性联系在一起。在印度的密宗传统中，莲花有时被用来象征女性的生殖器，几乎可以肯定的是，之所以有这样的联想，是因为莲花即将绽放前的形状，及其逐渐绽开变成饱满碗状的过程与阴道相似。在密宗中，这种形似阴道的形状被称为"雅尼"（yoni），被用来象征以女神莎克蒂（Shakti）或昆达里尼（Kundalini）的形象出现的神圣阴性本质。

在大自然中，莲花从池塘的淤泥中生长出来，用它那长而有力的茎秆撑起漂浮在水面上的宽大莲叶。洁白的花朵在阳光下傲然盛放，优雅、空灵，充满禅意。因为它那洁白无瑕、纤尘不染的花朵与它生长于其中的淤泥形成了鲜明的对比，所以莲花被用来代表纯洁。它扎根于淤泥中，不屈不挠地节节向上，然后开出光彩夺目的花，这样的形象使它成为修行之旅的完美比喻。更令人感叹的是，尽管花朵看起来那么娇艳欲滴，它的茎和根系却极其强悍，想要把它连根拔起并不容易。

在密宗和哈他瑜伽（Hatha yoga）中，第七脉轮（顶轮）的形象是朵千瓣莲花，因此它被视为灵性成就的象征。在世人的描述中，佛陀本人就是坐在莲花上的。在印度教和佛教的一些分支中，六字真言"唵

[①] Marie-Louise von Franz, *Introduction to the Interpretation of Fairy Tales* (Houston, TX: Spring Publications, 1970), pp.57-60,87-88,117; *The Psychological Meaning of Redemption Motifs in Fairy Tales* (Toronto: Inner City Books, 1980), p.75.

嘛呢叭咪吽"被认为是最神圣的咒语之一,其字面意思就是"莲上珍宝"。正因如此,莲花象征着"新生"(status nascendi),荣格用它来指代"未来潜能"(future potential),就像种子在其内部存有未来生长的所有结构与基质。

莲花是从花芯开始一片片徐徐绽放的,这是它被视为修行象征的另一个原因。在这方面,它相当于中国道家学说中的"金花"(Golden Flower),是自我包容和神圣极乐的象征。这样一来,莲花就象征着人类对回归阴性本质的渴望[1]。

讽刺的是,"金"和"莲"两个字是所有纯洁、灵性和神圣阴性本质的象征,但同时又代表着"缠足"这一针对女性的最卑鄙可耻的习俗。在个体层面上,被称为"金莲"的小脚显然代表了女性被迫承受的压抑和扭曲。在整体层面上,"缠足"可以被看作女性与大地和大地母亲这一原型力量的分离。因此,在个体层面上,"金莲"是一个隐喻,象征着被压抑的阴性本质——我们天性中原本强大却被贬低的本能、直觉和情感。在整体层面上,它隐喻着世代以来大地女神因其强大而被人忌惮继而被压制的情形。

不过,从另一个角度看,这一悖论不失为一种提醒,让我们意识到,"金莲"这一意象中隐藏着强大的力量,在等待着我们去揭晓。

---

[1] Carl G. Jung, CW 5, op. cit., para. 405; *The Archetypes and the Collective Unconscious*, CW 9, paras.156,315,389,573,652,661; *Alchemical Studies*, CW 13, paras.336,345; Clarence B. Day, *Chinese Peasant Cults* (Shanghai: Kelly &Walsh, 1940), p.41; Charles A.S. Williams, *Outlines of Chinese Symbolism and Art Motives*, 3rd Revised Edition (New York: Dover Publications, 1976), pp.255-258.

第二章

妲己的小脚

回想当初,我怀着一种先驱者才有的热情,踏上了前往荣格研究所接受培训的道路。然而,居住条件的简陋超乎我的想象,让我一时之间方寸大乱。不得不承认,我开始想念温暖舒适的家了。有趣的是,我想念的并不是刚刚离开的舒适便利的现代生活环境,而是儿时的那个家。正是在这种心境中,另一个共时性事件发生了。当时我刚到苏黎世不久,有一天我走在路上,偶然间发现了一家东方杂货店。我毫不犹豫地走了进去,立刻就有了家的感觉。光是看到架子上陈列的酱油、香菇之类的干货,以及各种大米和面条,就给了我一种深深的安慰。

那是一个周二的早晨,这家店里几乎没什么人。我发现角落里坐着一位华人老太太,于是就和她攀谈起来。她告诉我,这家店是她儿子开的,他是几年前以越南难民的身份来到瑞士的。儿子安顿下来后,她就被儿子接到了身边,现在帮着他经营这家杂货店。老太太身材瘦小,已近耄耋之年,让我不禁想起了自己的祖母。尤其是我们还说着同样的方言，这让我倍感亲切。我发现她的母亲和我的祖母来自中国的同一个村庄，后来作为"邮购新娘"（mail-order bride）被嫁到了越南。

谈话中我灵机一动，问她是否了解缠足的情况。她回答说她是在越南长大的，在那里裹脚女子很常见，她们大多来自中国。她开始给我讲述这些中国女子的故事，并向我详细描述了她们的情况。她告诉我，这些女子非常勤劳，即使在极端炎热的天气里，她们仍然在地里或厨房里劳作。小脚的她们行动不便，只能坐着干活，用腿控制着舂杆使劲地捣面。从她说话的语气中，我猜她是想说中国新娘很"划算"，因为她们干活很卖力气。

出于好奇，我问她是否知道缠足这一习俗是怎么来的。她脸上的表情变得非常谨慎，用气声告诉我："是狐狸精！"什么是"狐狸精"呢？这个词中"精"的意思很难言传，可以被认为是一种灵体、精怪，或者从某种意义上说，指的是事物的本质。在这位老太太的话中，这个字也暗指淫妖（incubus）。淫妖是一种邪恶的生物，从前人们认为它会在女性睡梦中与她们发生性关系，并在此过程中吸收她们的元气。

第一次听到她说"狐狸精"这个词时，我忍不住笑了，以为她说的是现代口语里常见的"骚狐狸"，指那些勾引别人丈夫的情妇和小三。我的脑海里立刻浮现出了童年时经常听到的故事：附近住的原配太太们时不时地会带着闺蜜们气势汹汹地在城里四处奔走，她们费尽心机找出丈夫的情妇住在哪里，然后打上门去勒令对方不许缠着自己的丈夫——有时甚至会和这些被视为"无耻贱货"的小三扭打在一起。

事实上，老太太说的是传说中的"狐狸精"，而且她显然对此深信不疑，由此不难看出缠足这一习俗的神话起源至今仍有着鲜活的生命力。在神话中，缠足的历史可以追溯到商朝。传说，该王朝的末代王后根本不是女人，而是一只会变化的狐狸。

在《金莲之恋》中，列维提到，他在20世纪60年代采访了一位小脚老太太，这位老太太是他的采访对象中最年长的女性。她给他讲述了一个广为流传的版本。

传说，商朝的最后一个君王叫纣王，荒淫无道。虽然纣王对他的所有臣民都残暴不仁，但对西伯侯姬昌尤为恶毒。姬昌与纣王政见不合，他推崇仁政，希望实现公平正义。为了让姬昌屈服，纣王杀害了他的长子伯邑考，还将伯邑考的肉做成肉饼，逼着伤心欲绝的姬昌吃下去。

不过纣王也得到了他应得的报应。他疯狂地爱上了冀州侯美貌的女儿苏妲己。当妲己得知纣王召她入宫时，悲愤交加之下一病不起。在她陷入昏睡的时候，一只狐狸的灵魂——也就是"狐狸精"占据了她的身体。这只狐狸精顶着妲己美丽的容颜进入纣王的后宫，最终成为王后。就在纣王与这个看上去是妲己其实是狐狸精的女子颠鸾倒凤时，狐狸精逐渐把纣王的元气吸干了。

这只千年狐狸精非常强大，但她的法力还不足以让自己完全维持住人形，所以她没有正常女性的脚，她的脚依然是狐狸的小爪子。为了不让纣王看到这两只爪子，她就用白布把它们缠了起来。当纣王问她为什么要缠脚时，她回答说，这样做是为了防止双脚长大，好让它们一直保持小巧精致的样子。为了魅惑纣王，她在荷塘边翩翩起舞，她那精致的小脚看起来就像莲花一样美丽。纣王被迷得神魂颠倒，下令从今往后所有女子都必须把脚缠成莲花的形状。就这样，他与狐狸精日夜厮混，完全不理朝政，不知不觉间大权旁落。不久之后，这个昏君就变得羸弱不堪，此时，西伯侯姬昌已经去世，他的次子姬发继承父亲遗志趁机起兵反抗，最终夺取了纣王的王位，建立了一个新的王朝，给这片土地带来了很长一段时间的繁荣富庶。

在这个影响深远的奇幻故事中，我发现了两个更强大的象征——狐狸和王后，它们在心灵深处与缠足相连，对于现代女性来说意义非凡。不过，要真正理解这两个重要的符号，并在工作中与女性来访者分享它们的意义，我必须先对缠足的发展史以及它在中国悠久历史中的地位做更深入的了解。用荣格的话来说，更重要的是，要先理解它是如何根植于我那神秘而迷人的原生文化的集体无意识中的。

当然，还有商朝。它持续了 500 多年，从公元前 1600 年到公元前 1046 年，历史上确有记载商朝的末代君王是一个荒淫无道的暴君，最后被一个更为贤明的君主所取代。然而，缠足习俗不太可能那么早就有了，它有可能始于唐末宋初。

唐朝灭亡后，中国历史进入五代十国这一纷乱复杂的时期。在众多割据政权中，南唐占据着显著地位。南唐的最后一个君主是李煜。据可能是真实的历史记载，李煜有一个名叫窅娘的嫔妃。这个窅娘是一位窈窕美丽的舞娘，李煜对她极为迷恋，特意命人用黄金为她打造了一座约 2 米高的莲花台，专供她跳舞所用。莲花台之上镶嵌着珍贵的彩色宝石，还装饰着各色彩带，营造出一种绚丽多彩的效果。莲花台完工后，李煜先是命窅娘以帛缠足，使她的双足看起来小巧纤细，如同一弯新月，然后让窅娘在莲花台上跳舞，窅娘的舞姿非常优美，恍若仙人在云端翩翩起舞，而她那双被裹得弯弯的小脚则象征着新月，或者说是象征着嫦娥也不为过。

这段历史记载说，很多女人艳羡窅娘那双纤细如新月的美足并争相模仿她。可以说，这股由窅娘掀起的时尚潮流很可能是导致后世最终形成缠足习俗，将女性的脚裹成不足3寸的开端。当然，这一记载到底真实与否，我们无从判断，但在我的内心里，至少我认定了缠足这一陋习肯定不是发生在南唐之前的唐朝的，因为那个时期的女性似乎享有很大的自由。在唐朝,许多闺阁女子被鼓励积极地参加体育运动。有很多艺术和文学作品也来自这个时期的女性，也许更重要的是，至少就自由而言，她们被允许离婚和再婚。事实上，唐朝在性方面是相当开放的，我们稍后会看到，由于道教的兴起，神圣阴性本质受到尊重，而女性，至少在某些情况下，被视为这种神圣力量的体现。

不管李煜在缠足这一习俗的起源中扮演了什么角色，缠过的双足在后世被称为"金莲"无疑与传说中窅娘精致的莲花台脱不开干系。不过，将脚与"金莲"相关联更早的起源大约可以再往前推500年。据说，南北朝的一位皇帝曾命人用黄金铸造出莲花形状的金片，并把它们贴在地上，让他最宠爱的妃子踏着金莲而行，这位皇帝则在一旁啧啧赞叹，说她纤纤玉足步步生莲。这位皇帝这样做，似乎是试图重现一个从印度传入中国的古老传说——我认为这并非巧合，这个传说结合了阴性能量、生育能力和生命转化等诸多元素，这些元素在今天的集体无意识中仍然与"金莲"有着密切的联系。

在这个传说中,一位印度圣人某天正在清澈的小溪中沐浴,这时一只美丽的母鹿来到溪边喝水。喝了水后,这只母鹿怀孕并生了一个女孩,女孩看起来完全是人类的样子,但有一双鹿脚。圣人收养了女孩,将她当作女儿养大。随着女孩一天天长大,她展现出惊人的美貌。有一天,她去拜访村里的另一位圣人,当她回来时,每走一步,都在地上留下一朵完美的莲花印记。村里的先知预言她会生1000个儿子。后来,她确实生了1000个儿子,每一个儿子都躺在千瓣莲的一片花瓣上。在印度,千瓣莲的意象历来都是开悟的象征。

不管缠足习俗源于哪一个神话和传说,最早把双脚裹起来的可能就是那些注重外形的舞娘。她们像宵娘一样,用丝帛把自己的双足裹紧,使它们看起来更纤细精致,像一弯新月。这些绑在脚上的轻纱还可以使舞娘们在辗转跳跃时看起来更加优雅,就像今天的芭蕾舞鞋一样。除此之外,舞娘们还试图用一双莲足让自己显得更加娇媚动人。虽然无法确定缠足习俗是否始于唐末宋初,但可以确定的是,小脚与性以及性幻想的联系在那段时期就存在了。当时,有不少诗歌就是以此为主题,例如,高彦颐在其著作《步步生莲》中就引用了其中一首,即唐朝末期诗人韩偓的《屐子》:"方寸肤圆光致致,白罗绣屣红托里。南朝天子欠风流,却重金莲轻绿齿。"

这之后出现的是宋朝,该王朝持续了319年。到宋朝末年,缠足这一潮流已逐渐从宫廷舞姬间传播到了后宫女子中。从此,随着时间的推移,跟风追捧的上层社会女性越来越多,最终传遍了整个中华大地。出现这种情形,部分是因为宋朝的主流价值观发生了变化,整个社会对唐朝的开放之风有诸多不满,因而有一些矫枉过正。在宋代,女性失去了很多在唐朝时拥有的自由,比如和离或寡妇再嫁,女性逐渐被视为生性放荡的存在,需要想办法进行压制。随着缠足习俗的普及,女性的双足被裹得越来越小了。但在当时,人们对理想的脚到底该多小还没有一个明确的概念。

那么,宋朝社会对女性普遍持什么态度呢?我们可以从封建理学家朱熹的言行中窥见一斑。朱熹认为,如果一个女人不幸成了寡妇,就应该在余生保持贞洁。在福建漳州担任知府时,他以极大的热情将缠足引入该地区,并认为这是"弘扬儒家文化,教导男女授受不亲的一种手段"。

他以官家身份公然提出女子易行不贞淫荡之举,因此要让她们"不良于行"。为达这一目的,他下令女子必须将双脚缠到极小,并认为这样就能杜绝女子的"淫奔之风"。该法令执行后,福建女性的双脚就被裹了起来,以致到了不借助外力就无法行走的地步。多年后,在福建女性被允许参加的葬礼和为数不多的庆祝活动中出现了一个奇景:"每人皆持一杖,相聚成林。"这是因为几乎所有女子都被裹了小脚,需要拄着手杖才能行走。

1279年,宋朝在忽必烈麾下元军的猛攻下灭亡。元朝由此统一全国。虽然元朝政权斥责缠足的做法,但缠足仍在百姓中广为流传。元朝的统治持续了近100年,取而代之的是繁荣的明朝。在明朝,缠足得到了越来越多民众的支持和官方的认可,并在中华大地上进一步广泛传播。在许多地区,女子脚上的裹脚布也变得越来越长,裹得越来越紧,正如当年福建的情况一样。不知道从什么时候开始,三寸金莲——从脚趾到脚跟的长度只有三寸——成为最理想的脚型,而家中有一个"侍儿扶起娇无力"的妻子则成为丈夫社会地位的象征。其中一个原因是这表明他足够富有,家里养得起很多下人供妻子支使,她需要去什么地方都有人抬着,用不着走路。此外,当时的社会认为,把女人的双足裹成小脚就可以让她们安于内室,不会像男人那样出去拈花惹草。正如一首歌里唱的那样:"为甚裹了儿的脚?再也不能到处跑!"

到了后来,作为社会地位和性吸引力的象征,一个女人脚的大小与她的价值成反比:脚越小,越接近金莲的形状,就越能嫁到好人家,越让人艳羡;而对于一个家庭来说,一个没缠足的女儿是可怕的累赘,因为她几乎嫁不出去。

在这一时期,金莲这一意象在男性心中成为根深蒂固的情欲象征。多种恋物癖都是围绕着小脚发展出来的。在春宫图册和艳情小说中,详细描述了在性爱前戏及过程中如何把玩女子的小脚。据说,小脚女子的走路方式会让她们的大腿变得性感诱人,还能使她们的生殖器更加紧致。尽管这些说法并没有任何事实依据,但它们被广泛接受。

在闺阁中,女子们会精心地为自己的小脚缝制一种精美的丝质"睡鞋"——通常是红色的,因为这被认为是最性感的颜色——以此来取悦她们的丈夫。至少在理论上,裹在布中、藏在漂亮鞋子里的脚是绝不能露于人前的,而这也增加了小脚的神秘感和吸引力。

明朝的统治在17世纪中期岌岌可危,此时,满族人掌控了中国的统治权。满族发源于现在的中国东北地区,主要以游牧为生。虽然不是汉人，但满族人很快就接受了他们认为先进的汉人管理模式和文化。满族的统治从 1644 年持续到 1912 年，这一时期被称为清朝。在清政府的统治下，国家相对和平与繁荣，权力和影响力达到了顶峰。

满族人从一开始就谴责缠足的做法。尽管如此，这一习俗仍在民间风行，并逐渐从上流社会传播到平民百姓家。据推测，出现这种情况，原因之一是当时的汉人借此来表达对自己汉文化的肯定与坚守，至少在清朝前期是这样的。尽管满族人反对缠足，并多次试图将其定为非法，但小脚与美丽和欲望的联系却逐渐变得根深蒂固，以致最终就连部分满族妇女也开始接受这种习俗。清政府统治末期也曾多次试图通过官方法令取缔缠足，但最终徒劳无功。

在清朝统治的最后几年——1912 年中华民国成立，清朝统治正式结束——缠足依然普遍，很多穷困家庭甚至也趋之若鹜。这种情况造成的结果是，因为裹了小脚，那些需要下地干活儿或者做家务的底层女子在某种程度上变得力不从心。

从清朝的最后几十年到民国的最初几年，反缠足运动和相应的"天足运动"（natural foot movement）逐渐声势浩大。根据列维的说法，清政府未能消除的缠足习俗最终让革命运动破除了，尽管用时较长。取得成功的原因之一是，革命者在宣传中将解放双足与解放全体女性联系在了一起。这一解放运动在中国日益壮大，女性逐渐获得了投票和拥有财产的权利。但直到 1957 年，给女子裹小脚的习俗才真正寿终正寝。

我对这段历史的探索大部分是在苏黎世度过的那些年里完成的。

虽然这样的深入研究帮助我了解了为什么缠足曾得以盛行，但它仍然没有向我解释清楚的是，中国历史上那些艺术、文学和文化繁荣的时期，社会秩序井然，政府管理也已达到如此成熟和成功的水平，怎么还会存在看起来如此野蛮的东西。最终我逐渐明白，这个问题最重要的答案之一在于儒家的家庭伦理和孝道观念。

数千年来，在中华大地上出现了多种宗教、哲学和思想，在不同时期各领风骚，但儒家家庭伦理和孝道的影响却从未真正消失。事实上，正如你将从我的华人女性来访者的故事中看到的那样，这些观念依然影响着今天的华人女性，是她们的内驱力之一。刚入行时我就意识到，要帮助这些女性，就要先了解这些观念对她们产生的影响。不过没过多久，我就发现它们对西方来访者同样有用——有时甚至更有用。的确，对于这些西方女性来说，儒家学说是一种"异域文化"，可以给她们提供另一种视角，让她们对世界产生新的认知。这是一种有力的工具，能够帮助她们看到与之相似的西方价值观是如何在象征和心理层面缠住她们双足的。

就我个人的经历而言，直到离开苏黎世回到自己的家，我才开始真正深入探索自己作为一个华人的文化根源。虽然在荣格研究所学习的那几年这个过程就已经开始了，甚至我还以缠足为隐喻撰写了我的学位论文，但在那段时间里，我一直沉浸在荣格的思想中，而不是中华文化中。当结束5年的丛林生活回到在多伦多的家时，我发现自己置身于一个浮躁而忙碌的北美城市之中，我又一次迷失了方向。但同时，我也有了一种前所未有的认知——我知道，如果要获得完整的自我，就要找回作为华人的那一部分。

从 18 岁开始，我就融入北美文化并力求西化，为自己打造了一个西方的人格面具。不但如此，正如我在苏黎世接受分析时已经意识到的，我实际上很早就脱离了自己的文化。我们全家都成了新教徒，把我从小带大的祖母也变成了一个相当狂热的基督徒。她完全信奉基督教的上帝，拒绝拜祭祖先。她每天祈祷很多次，每周去好几回教堂。她还经常让我和她一起去，教我基督教的祷告词和赞美诗。她参加的是一个非常保守的长老会教堂。14 岁之前我一直是那里的一员。当我对它的幻想破灭时，我公开与牧师发生了争执，然后愤愤不平地拂袖而去！但即使在那时，我仍然是一个基督徒。于是，我又去了街对面新开的一座南方浸信会教堂。这座教堂的牧师和他的妻子都来自得克萨斯州，尽管我现在认为他们观念僵化，但他们确实都是很好的人。教会每周都有讲英语的主日课程，我一直在那里上到 18 岁。除此之外，我还在一所天主教修道院学校读完了小学和中学。

幸运的是，尽管我的祖母和其他家人拒绝祭拜祖先，中国的传统节日还是要过的。这是年幼的我难得体验到的中国精神遗产，它与基督教和西方文化的影响混合在一起，像一锅奇怪的大杂烩。

这也难怪，在接受了荣格式分析和训练，对自己的认识更清晰之后，我开始渴望重新与先人的文化建立连接。

当我离开苏黎世，离开那个栖身的小树林，被重重地扔回北美的城市文化之中时，这种愿望变得愈发强烈。我敏锐地意识到我的人格面具太过西化了。于是，我立即开始参加有关中国文化的研讨会。很快我就认识到,我在苏黎世小树林里的生活和修行方式在本质上是非常符合道家思想的。后来我才明白,修道者追求的就是返璞归真、天人合一。在苏黎世的时候,选择这样的生活方式对于我来说完全是出于本能、遵循本心、顺其自然的。意识到这一点后,我更加渴望回归中华文明之根。在此过程中我仍在努力探索缠足习俗,并希望将它置于一种更广阔的背景中加以理解。从某种意义上说,我是从零开始、以前所未有的方式重新审视中华文化和中华精神遗产的。

后来,我成了一所中医学院的学生,在接下来的几年里,我全面学习了针灸、开方抓药等中医相关知识。我还重新学习了中国文学和历史。这些都是我在高中时非常喜欢的科目,甚至还一度渴望去香港的大学里主修它们。虽然到西方学习理工科后这样的激情一度消退,但后来它又回来了,那些在高中时被要求背熟的中国经典词句会突然浮现在脑海中。与此同时,我也开始认真思考孔孟之道。

重新认识孔子,并用全然不同于小学童的心境去理解他的学说,让我有一种茅塞顿开的感觉。特别是当我想起小学六年级的时候,第一次读到《论语》中那句"唯女子与小人为难养也,近之则不逊,远之则怨",我认为这是孔子对女人的诋毁,从那之后就开始鄙视他。

就因为孔子的这句话以及其他的儒家理论,女性后来一直被视为男人的附属物,因此我一度非常讨厌孔子。我认为,他要为父权制和中国家庭中重男轻女的现象负责,也要为全天下所有华人女性遭受的苦难负责。

童年的某些经历可能也增加了我对孔子的厌恶。在成长的过程中,大部分时间里,我都处于一种很矛盾的状态:一方面置身于吵吵闹闹的一大家子人中间,恨不得逃得远远的一个人待着,而另一方面又深感孤独。造成这种情况的部分原因是我祖母一心扑在教堂,几乎无暇顾及我。在我很小的时候,只有我和祖母住在一起,而我经常是一个人孤零零地在家待着。稍大一点的时候,我搬回了父母家,但我和母亲的关系不像弟弟妹妹和她那样亲密。后来,祖母也搬来和我们一起住了,但于事无补。在我应该"属于"谁的问题上,祖母和母亲冲突不断,而且我从来没有把她们两个人中的任何一个视为心理上的母亲而产生依赖。因此,我总是一个人待着,内心深感孤独。同时身边不但有一大家子亲人,还终日吵吵闹闹不得消停——我们的住处在父母开的一家商店的后面,总是人来人往,这样的喧嚣热闹让我无所适从。我记得我常常蹲在角落里,试图避开其他人,为自己找一个可以写作业的地方。有时候,因为实在太想一个人待着了,我会走出家门去逛市场,在那里我至少可以独自思考。

年幼的我孤零零地在市场里徘徊,这样的孤独让我拥有了不同于同龄人的心境,那时的我已经开始对所见所闻进行思考——现在我将这些见闻称为"人类生存状态"。即使当时年少懵懂,可那些亲眼见到的女性生活状态和她们被对待的方式仍然让我深感震惊。那些见闻在我的心里留下了沉重的印记。虽然当时的我无法用现在所说的这些话来表达,但内心对那些农妇充满敬佩——敬佩她们的生存本能,敬佩她们不向任何困难低头的顽强,敬佩她们在恶劣的条件下依然努力劳作的勤勉,最重要的是敬佩她们排除万难也要将孩子养大并护在身后的决心。在之后的岁月中，每当我想起这段经历，这些女性的样子和曾经目睹的那些情景就会像潮水一样涌来。我记得曾见过一个孕妇，她肩上扛着一根扁担，扁担的一头挑着一篮子蔬菜，另一头挑着她的两个孩子。我还记得我曾为一位中年女子加油助威，当时她正和一个身强力壮的年轻菜贩子打架，因为这个菜贩子辱骂了她的女儿，为了捍卫女儿的尊严，她不管不顾地冲了上去。

除此之外，我看到的很多东西也令我感到不寒而栗，它们沉甸甸地压在我的心头，让我不堪重负。这些画面像万花筒一样浮现在我的脑海里：我看到有些在市场上讨生活的小贩因为女儿卖掉的蔬菜不够多而殴打她们；我看到一个男人殴打他的妻子，而其他人只是在旁边看着，无人为这个被打的女子出头；我看到一个才十几岁的孕妇迷茫无助地拿着一束束花等待出售，样子看起来让人感到难过；我还看到一位母亲用一根烧红的木棍惩罚哭泣的女儿——这让我愤慨不已，我大声地叫她停下来，她对我摇晃着木棍，威胁说要用棍子抽我。

当我再大一点时，我才对这些经历感到后怕，庆幸自己当年孤身一人、毫无依仗地在市场里穿行时能够全身而退。在那个年代，年轻女孩被绑架为奴的事比比皆是。而令我大为惊讶的是，当我回想起这些往事时，那些来自孔子并早已被我遗忘的句子开始从我的无意识中浮现。当我走在熙熙攘攘的街道上，当我坐在摇摇晃晃的电车上，它们会自发地向我走来，持续地呼唤我，直到我拿出一本《论语》并开始用一种全新的眼光阅读它们。那来自内心的犹如直觉般的声音，再一次把我导向了正确的方向。因为从某种意义上说，当我重新认识孔子时,也在更深层次上认识了荣格。当仔细阅读《论语》时,我开始感到越来越踏实,开始对自己的华人身份感到自在。我相信,如果没有对孔子的思想产生这种全新的、深层次的理解,这一切是不会发生的。在某种程度上,它给了我更广阔的空间和视野,让我可以更深入地去探索荣格、基督教和其他西方思想,同时不用担心在这个过程中迷失自我。虽然当时的我并没有意识到,但那声音也引导我找到了对于我的工作和写作来说至关重要的材料,因为,如果没有对儒家思想的基本了解,就难以真正理解中国人的心灵世界,以及领悟到盘踞在亚洲人无意识中的强大意象。

第三章

儒家之道

几千年来，儒家学说几乎影响了中国文化的方方面面。而说到缠足习俗的广为传播，缠足对中国女性心理的影响以及这一习俗在所有女性的集体无意识中所扮演的隐喻角色，儒家的两个观念所起的作用尤为突出。第一个是家庭伦理观，指的是儒家对家庭以及家庭成员之间相处模式的看法；第二个是孝道。

在了解孔子生平及其思想的过程中，我发现了一个极具讽刺意味的事实。缠足习俗之所以存在，上述两个符合孔子世界观的观念确实功不可没，但同时我又发现，孔子这个人，按照东方的说法他是个圣人，而用荣格的话来说，他已经完成了自性化。可以说，他是一个开悟的人，可他对女性的态度为何如此落后？其中一个原因很简单，他属于他的时代，他的观点反映了当时社会对女性的普遍态度。还有一个原因是，两千多年来，他的很多思想被一代代儒家学者编辑、曲解和误用了。几乎可以肯定的是，孔子本人不会宽恕缠足的行为，因为这违背了他最基本的信条，即所有的人，尤其是家庭成员，在任何时候都应该以尊重和仁慈的态度对待彼此。

孔子诞生于公元前551年，当时西方的罗马帝国刚建立不过几十年。他虽然是商朝贵族之后，但是在贫穷中长大的，因为他的父亲在他3岁时就去世了。他在19岁时娶妻并很快就有了3个孩子。尽管接受了良好的教育，但直到24岁他仍然被迫从事一些卑微的工作。24岁以后境况稍有好转，他开始四处讲学，虽然目标群体比较小众。之后，他逐渐以品格高尚、学识渊博闻名，一群弟子开始追随他。

孔子的思想被收录在久负盛名的《论语》中，这是一本关于伦理和道德的著作，从任何意义上讲都与宗教无关。孔子的言论本质上是对他所生活的那个时代的抗议——那是一个国与国之间征战不休、诸侯割据的时代。孔子非常谦虚，总是称自己"述而不作，信而好古"，平生所愿不过是传扬古代经典所教导的关于理想国家的政治主张，这些主张据说是上古黄金时代的圣贤们倡导的，而所谓的黄金时代，指的是在中国有记载的历史开始之前的那个存在于时间迷雾中的传说时代。

当混乱在华夏大地上蔓延时，孔子大声疾呼统治者采纳他提倡的崇高的伦理道德，为治下百姓带来和平、繁荣和公正。50岁左右时，孔子在其家乡鲁国（现在的山东）获得一个官职，终于有机会向天下人证明自己的主张是可行的。他做到了，鲁国很快变得强大繁荣，以至于邻国君主感到了危机，于是用一些手段将孔子赶下了台。从那以后，孔子再也没有找到一个愿意接纳他的政治主张并付诸实践的君主。

经过这一披肝沥胆却屡屡受挫的时期后，孔子谦卑地承认自己是政治上的"失败者"，甚至是社会上的"丧家之犬"。正是在这个时候，他认识到了他所谓的天命，并臣服于天命。他退出了政治舞台，全身心地投入到教导弟子和著书立说的工作中。

在孔子逝世约300年后的汉朝，他的主要主张被统治者采纳并成为基本国策。自此，在从汉朝到公元1911年（中国爆发了将最后一个王朝——清朝——推翻的革命运动）这段漫长的时光中，儒学的官方地位虽然在不同时期经历了起起落落，但儒家观念——包括各种被曲解的版本——在中国这片土地上一直深入人心。

当我遵循直觉的召唤开始了解孔子的时候，我随身携带着儒家著作，即使是在坐地铁或等公交车这样短暂的空当，我也会见缝插针地掏出书来读一小段。都市生活充满了嘈杂声，这与我在苏黎世小树林里已经习惯的清静截然不同，而在这尘世的喧嚣中，我却沉浸在这位古代大师的思想里。当我用自己在荣格式分析和训练中获得的理解能力去阅读这些著作时，发现了许多让我喜爱和钦佩的东西。当我开始把孔子看作一个致力于追求内心圆满的人时，我获得了一些非常珍贵的领悟，这些领悟不但有助于我的个人成长，对我的工作也大有裨益。

孔子本人从未把自己的思想撰写成文，是他的弟子们将他的日常言行记录下来，编成了《论语》，这本书被公认为是孔子思想和生平的最准确的信息源。在深入研究他的思想时，我又通读了一遍《论语》。不但如此，我还研究了一些早于孔子时代的经典著作，这些著作里有一些他认为非常重要的知识。这些书被称为"五经"，是儒家思想的重

039

要组成部分，包括《诗经》、《尚书》、《礼记》、《周易》和《春秋》。

孔子的伦理道德体系是以"五德"为基础的，即仁、义、礼、智、信。他还认为，对父母的"敬"非常重要，无论父母是活着还是已经去世。孔子思想中最核心的概念是"仁"，它是慈、情、恭、爱、诚、善等人性本质的体现。从这个意义上说，它是"至德"，是人类美好品质的缩影。在人与人之间的关系中，"仁"表现为"忠"和"恕"，即孔子关于相处之道的黄金法则"己所不欲，勿施于人"。要进一步了解"仁"的含义，可以看看它在汉字中的写法：它是由两个字符组成的，一个是"人"，另一个是"二"。由此可见，"仁"这个字涵盖了人与人相处时应该具备的所有道德品质。在"仁"的基础上，一个人才能与人为善并坦诚相待，这也反映在孔子的另一句经典言论"仁者爱人，智者知人"中。

孔子认为"仁"是人的本性，并非如其他哲学家所言是后天习得的品质。它是上天所赐，正如《中庸》所说："天命之谓性，率性之谓道，修道之谓教。"

用一种更能被西方文化理解的说法就是，在某种程度上，"仁"可以被看作一种内在动力，它驱使着我们去实现真实的本性。因此，在我们天赐的本性中，本来就具有追求自我发展的精神动力。在西方文化的解释中，"仁"可以被视为心中的神性。在这一点上，它非常接近基督教"上帝是存在的内在基础"的说法，也非常接近文艺复兴时期所讲的人性中的上帝形象。当然，孔子不会使用这样的意象，因为他的哲学基本上是立足现实的，并非宗教或那些明显与灵性相关的思想。

孔子思想的中心焦点仍然是鼓励个人"求道",并认为这就是"天命"。就他的个人经历而言,当退隐到私人生活中时,他开始理解天命并最终完成了自己的"求道"之旅,于寻常生活中觅得天命的真谛:"吾十有五而志于学,三十而立,四十而不惑,五十而知天命,六十而耳顺,七十而从心所欲,不逾矩。"

孔子将那些"求道者"称为"君子",可被理解为天命之子,或者更宽泛一点,指圣贤。"君子"是真正的"绅士",他所追求的最高目标是自知,因为在儒家看来,自知也是一切思想和行动的先决条件,而从更深刻的意义上说,自知也是洞悉宇宙奥秘的关键。"尽其心者,知其性也;知其性,则知天也。"在追求与天道合一的过程中,君子必须养心,这既包括其性情也涵盖其思想。同时,君子还要努力提高理解、评估和辨别的能力。孔子认为,效法天道,与天道合一的一个重要步骤是守礼知节,即按照古代圣人在"五经"之一的《礼记》中所规定的那样行事。甚至某些类型的诗歌和音乐也可以帮助君子更接近自己的内在本质。当他这样行事时,君子会抚平自己内心的种种纷扰,在达成内在平衡的同时为外在世界创造和谐宁静的氛围。长此以往,君子将拥有更多的能力,让世界变得更有序。

一个人是否有君子之风,取决于他是否以弘扬正道为己任。正因如此,主动承担社会或政治责任的行为被视为"求道者"的天职。所以,真正的君子会积极地参与公共事务。孔子认为,这样的人若能执政,就会创造一个公正、有序的理想社会。但是,这样秩序良好的社会并不会仅仅因为君子执政就会出现,其真正的决定因素是以"仁"为特点的诚信互惠的关系。

在阅读孔子的这些教诲时,我发现了很多值得认同的东西。在荣格的思想与孔子的思想之间,我看到了许多相似之处。例如,孔子说遵循本性可了悟个人天命,而荣格的自性化概念通常被描述为一种顺其自然、水到渠成的发展历程,就像一朵花遵循内在种子的蓝图自然绽放一样,这两者之间竟有着惊人的相似。但我仍然觉得,孔子的教诲中有一些元素非常有问题,而且我发现,这些元素与孔子的家庭伦理观和孝道观直接相关。而缠足之风的盛行,以及缠足对现代女性所具有的隐喻意义,与这两个观念脱不开干系。

正如我在上一章所言,孔子言论中最成问题的就是他将女子与小人相提并论。在我对孔子进行了更深入的研究后,我意识到女子不仅被他等同于社会底层的男人,还被等同于与"高尚"的男性相反的男人。换句话说,他们处于与遵循正道的"君子"相反的极端。这似乎在暗示女子是无法"求道"的。孔子真的这样认为吗?我们不得而知。但是,在描述上面提到的那些对于理想社会而言非常必要的诚信互惠的关系时,他确实是把女性排除在外的。这些关系在儒家文献中有严格的定义,它们包括:君臣、父子、夫妻、兄弟、朋友。

对这些关系稍加思索就会发现,女子被提到的唯一角色是妻子,而女儿、母亲、祖母,以及女性能够扮演的其他非常重要的角色被遗漏了,即使是在孔子时代的父权社会中也不例外。虽然这五种主要的关系都要体现"仁",但另外两种美德也是必不可少的。它们分别是"忠",即对某人的忠诚;"孝",即孝顺。"孝"经常被翻译为责任,而孝顺可以被认为是带着敬畏来履行自己的孝道。

因此，理想状态下，在君臣之间，臣子应对君主表现出绝对的忠诚，以虔诚的态度履行自己的职责；在夫妻之间，妻子应完全效仿臣子对君主的态度，对丈夫表现出绝对的忠诚并履行责任，以夫为君并完全服从于他。同样地，儿子也要对父亲表现出完全的忠诚和孝顺。在以此为框架建立的等级制度中，为弟者需要同时服从父亲和兄长，以此类推。

要了解孝道观念在中国人心中根深蒂固的程度，有必要看看中国神话中最流行的一个创世故事。这个传说的主角是女娲和她的哥哥（也有可能是她的丈夫）伏羲。传说他们不是通过生育来到世上，而是由阴（指女性、被动和黑暗）与阳（指男性、主动和光明）组成的双重宇宙法则孕育而生的。作为上古"三皇"的成员，女娲和伏羲被认为是文明和文化的承载者。他们统治着地球，拥有强大的力量，可以解决天地间的各种问题，应对人类面临的诸多逆境。他们的责任就是守护地球，确保人类安居乐业。

混沌之初，女娲和伏羲从阴阳的原始力量中崛起后，就创造了天与地，之后一起生活在昆仑之巅。女娲和伏羲都是半人半兽、人首蛇尾，也有说是龙尾的（图3.1）。那时的地球上没有人类，于是女娲很快做出了造人的决定。她伸手抓起黄色的泥巴，开始精心捏制在中国生活的后来自称为"黑发人"的泥人。在创造了无数精美的泥人之后，女娲开始感到乏力。最后，她想到了一个快速造人的办法——她找来一根藤条，把它放入泥潭中，沾满泥浆，然后把藤条从泥潭中抽出，向四周挥舞，泥浆甩落在地后也变成了黑头发的人。但他们不是女娲用手捏制的，所以缺乏最早一批人类被赋予的一些品质和能力。尽管这些黑发人并非生来平等，但这并不重要，因为每个人都能在天地之间安稳地活着，脚下是创造他们的黄土，头上是仁慈慷慨的青天。

图 3.1　神仙伴侣：女娲和伏羲

资料来源：克里斯蒂·沈参考山东某寺庙汉朝石刻拓印绘图。

在这个宇宙观中，黄土地、人、天形成了三位一体，数千年来一直是中国人世界观的核心。黄土地象征的东西远比土地本身更重要。在中国人心目中，黄色代表处于中心地位的力量。黄土地是特殊的、近乎神圣的，因此用黄土创造出来的人也是受庇佑的。黄土地生出百谷以养人，天上洒下阳光和雨水使庄稼茁壮成长。青天在上，黄土在下，黑头发的中国人被孕育于天地之间。

在中国人的心中，天由父亲代表，地由母亲代表。而自我或个体，是天地共同哺育的孩子。父母用食物养育后代，就像天地生万物供养人一样。在这种自然主义的观点看来,人要向天地感恩,因为生命由天地赐予。同样地,子女要敬重父母,感谢他们的养育之恩。因此,对上位者毕恭毕敬的社会风尚,最初始于家庭中子女以孝顺的形式表达的"敬",并由此自下而上,在整个社会中层层延伸。

孔子非常重视这一点,因为他认为社会的基本单位是家庭,而不是个人。他认为,只要保证尊卑有别、长幼有序、各安其分、各司其职,家庭就能和谐安宁、蒸蒸日上。如果能保证家庭这个基本单位有序运行,那么邻里、村庄、省市、国家和世界也会如此。如果没有孝顺,家庭这个基本单位就无法发挥它在整个系统中应有的作用。

孔子期望的和谐有序是建立在这些明确界定的等级差异之上的,这使得他的思想很容易被各朝皇帝和政客扭曲和加以利用,把他的思想作为拥护帝制的最佳说辞。事实也确实如此,在接下来的两千多年里,儒家学者在解读孔子的言论时,口口声声都称他在维护帝制。这些言论被用作意识形态工具,以维持中央集权制国家的政治稳定。而女性,在权力滥用中自然成为首当其冲的受害者。

已经有不少学者认识到这一点,他们指出,儒家思想是支持父权制的。这一点无可辩驳,正是在它的影响下,才出现了几千年来女性几乎完全被压制,甚至成为男性附庸的局面。不过,最近(尤其是过去25年)的研究试图让人们对两千多年封建王朝统治期间女性的生活状态拥有更全面的了解。研究结果让我们看到了女性在不同时期取得的许多成就,其中不乏影响巨大甚至手握大权的女性。这也表明,说儒家完全反女性过于武断了。高彦颐、包苏珊(Susan Brownell)、华志坚（Jeff Wasserstrom）等汉学家的著作都表明了，有不少饱读诗书的女性靠渊博的学识为社会做出了贡献，尽管她们很低调。这些汉学家的研究结果很重要，有助于我们更准确地理解错综复杂的中国历史。但不可否认的是，在持续两千多年的封建统治中，对女性的普遍态度就是极力打压。如果没有封建制度对孔子思想的歪曲所造成的压制气氛，缠足将很难盛行。

可以明确的是，将儒家思想作为操纵人心的工具，帮助统治者对社会进行控制，始于汉朝。"罢黜百家，独尊儒术"是当时实行的统治政策和治国思想。汉朝建立于公元前202年，开国者是一位名叫刘邦的农民领袖，他领导了一场反抗残暴秦朝的起义。刘邦在秦朝只是个小官，在他之前的历代统治者都出身贵族。上位后的刘邦意识到，必须以某种方式让自己更具权威性，于是他接受了儒家的观点，宣称自己"受命于天"。至于正统的儒家体系在接下来的两千多年中成为治国之本，而这要归功于汉武帝的谋士董仲舒。

在董仲舒的努力下，那些曾在秦朝被毁的儒家典籍重新受到人们的青睐并被奉为圣典。孔子认为，朝廷应根据个人才德而非出身授予官职。根据这一思想，董仲舒提出了一种教育制度并被皇帝采纳，要求学子们学习儒家经典然后参加考试，根据他们在考试中的表现授予官职。这种考试制度催生了"儒生"（通常被称为士大夫）阶层。这种"公务员考试"的结果决定了一个人的命运和社会地位。社会地位不再是与生俱来的特权，而是通过苦读儒家经典以及培养个人德行来获得的。为了维持自己的地位，士大夫们学会了通过儒家视角看待和解释世界,并经常根据当朝皇帝的需要加以扭曲。随着时间的推移,儒家经典、考试制度和拜官主义结合在一起,形成了中国价值体系的支柱。

在汉朝奉行的儒家思想体系中,父权至上的家庭尊卑结构也是朝廷等级结构的基本模式,这样的认识深入人心。为了强化这种家庭伦理观,汉朝学者将周朝的《周礼》《仪礼》等经典著作做了增编,扩展了儒家规范和礼仪:"闺门之内,具礼矣乎!严亲严兄。妻子臣妾,犹百姓徒役也。"

汉代儒学显著地加深了这种认为女子"为难养也"且不可理喻的负面偏见,甚至把女性明确地归为劣等人。这样的思想认为,男尊女卑是一件天经地义的事情,就如天自然优越于地一样。男子将妻子称为"内人",意思是"在家里不出来见人的那个女人",这是男子希望看到的状态。而这样就彻底实现了所谓的"男女有别"。在中国历史的不同时期都有各种各样的作品面世,教导女性要懂得男尊女卑,要奉行"三从四德"。例如,东汉班昭所著的《女诫》就告诫女性要以夫为尊,做到对丈夫绝对服从,她的这一"觉悟"在之后近两千年里被儒家学者奉为典范,不少人以她为榜样撰写了类似的文章,如唐代的《女孝经》、明朝的《女训》《女学》以及清代的《新妇谱》。

儒家思想的又一次重大发展直到13世纪晚期的宋朝才出现。此时佛教和道教已经传播了数百年,对这两者都颇有造诣的学者将它们与儒家思想融合起来,形成了所谓的"新儒学",其主要口号就是"存天理,灭人欲"。哲学家朱熹就是这些学者中的翘楚,是当时儒家思想复兴和重建运动中的领军人物。他将儒家思想整合成一个真正完整的体系，被世人称为"理学"，这是新儒学思想中最重要的学派之一。这是一种极端的理性主义体系，强调人要以一种脱离感性的思维去研究世界。这种思想否认轮回和鬼神等观念，那些在孔子时代常用的词，如"灵""魂""鬼"等，被赋予了与物理现象相关的科学含义。很明显，这样的思想体系重形式而轻物质、重现世而轻来世、重有生之物而轻无形之灵。在荣格学派看来，这样的思想对阴性本质持明显的否定态度，更具体地说，对女性在社会中的地位持否定态度。当然，当代的汉学家们不见得都认同这一观点。

朱熹在当时的儒林中地位超然，他对儒家经典的解读被奉为圭臬，一旦有人"敢"质疑，就会被视为对朝廷不忠。其他所有"非儒家"的思想都被视为歪理邪说，人人都必须遵守儒家规范。最开始持这种态度的是官场和士林，但很快就自上而下地传入民间，并开始影响人们的日常生活。整个社会严格地将"男女有别"的理念贯彻到生活中，女性被"锁"在深闺，大门不出二门不迈。正如上一章所言，在这个历史时期，女性的贞节被当成信仰，寡妇再婚成为一种道德犯罪，无论什么原因的离婚都被认为是女人一生的耻辱。别忘了我们在上一章还说过，正是在朱熹所处的这个时代，缠足开始广为传播。这绝不是巧合，因为那个打着防止女子淫奔的旗号，下令福建女子过度缠足的人就是朱熹。

对于今天阅读这本书的西方人来说，可能很难相信儒家关于家庭结构和孝道的态度时至今日仍然影响着中国人的精神世界。但现实确实如此，我是在接待一位前来求助的年轻女子时意识到这一点的。

这位来访者叫明珠，她打电话来预约治疗。在电话中，她直截了当地阐明了自己寻求治疗的目的。她的谈话方式很直率也很专业，给我留下了深刻的印象。她解释说，她是一名临床心理学家，最近入职了市里的一家大型医院。她因为新环境压力重重而无所适从，希望我能帮她找到一些解决方法。坦率地说，我觉得她在电话里的态度让我有点忐忑不安。倒不是因为她也是一名心理学家，而是因为她似乎散发出一种非凡的自信和自制力。老实说，对于她是不是华人这件事我心里有点摸不准，不知道这是否会影响到我和她的边界问题。

我就这样带着些许兴奋和忐忑，等待着我们的见面。见到她的时候，我很意外，接下来的谈话过程更是完全颠覆了我之前对她的想象。她很随意地穿着牛仔裤和T恤，看起来邋遢而疲惫。她很瘦小，看上去比她35岁的实际年龄年轻得多。她几乎是刚坐下来就迫不及待地打开了话匣子，告诉我她的家族史、她和父母的关系、她的教育背景以及她的旅行经历。很快我就发现，那个我曾以为非常自信的专业人士，内心深处是一个需要帮助的小女孩——一个不得不向他人讲述自己的故事，渴望得到关注的小女孩。

此外，在第一次会谈结束时，我突然生出了一个非同寻常的想法。虽然明珠的外表很像西方人，而且据我所知，她是在西方长大的，但"中国就在我面前"这句话还是出现在了我的脑海里。我相信这句话不是凭空冒出来的，它概括了明珠性格中一些极其基本的东西。在我们相处的几个月里，事实证明确实如此。关于中国文化对她产生了怎样的影响，以及她最终是如何通过"解开裹脚布"而重新获得她内在强大的阴性能量的，我将在后面的章节中加以详细描述。即使我现在只是大概地讲述一下她的故事，也足以表明古代的孝道观念是多么根深蒂固地存在于这位现代女性身上的。

当然，这些都是后话，我也是在对明珠的家庭背景有了足够了解之后才认识到的。她的父母都出生在中国，而且都来自名门望族。20世纪40年代，他们离开中国去西方留学，两人都获得了博士学位，她的父亲是物理学博士，母亲是文学博士。他们原计划学成归国，但因为求学期间国内局势发生巨变，他们被迫留在了海外。在巴西短暂逗留后，他们最后在英国伦敦定居。之后，他们将精力完全投入工作中，在各自的学术领域获得了令人尊崇的成就。到目前为止，明珠的生活也充满传奇色彩。她不仅取得了博士学位，还花了大量时间到各处旅行。她意识到，自己之所以热衷于旅行，主要动机是寻找真实的自己和文化的根。她参加了欧洲和美国的各种"新纪元"（New Age）团体，也去印度的一个道场住过一阵子。她还花了两年时间在中国学习中医。

明珠第一次来找我是在她终于在职场安顿下来后不久。她最主要的困扰是在努力适应新的工作环境的过程中内心充满了焦虑感。在她的描述中，她就职的医院是一个"充满竞争、钩心斗角、毫无情感"的冷冰冰的所在。明珠很怕她的上司，为了有好的表现并证明自己的能力，她承受了很大的压力。她还感觉周围的同事都是对自己的威胁，觉得他们好像总是在审视自己。这种日复一日的紧张和焦虑让她心情抑郁，身体也出现了疲劳、没精打采、恶心、体重下降等症状。几次会谈结束后，明珠做了一个颇有意义的梦（第五章会详细解读明珠的梦境）。在这个梦的第一部分，明珠开车飞驰在某个岛上。后来她到了一家咖啡店，在那里见到了一位女子。该女子过来跟明珠说话，赞美明珠脖子上一直戴着的漂亮围巾，但她说原以为明珠会戴从印度带回来的那条粉色丝巾，很惊讶明珠为什么戴这条来自中国的围巾。这条围巾很大很长，上面还绘有中国地图。当明珠把围巾拿下来给该女子看时，场景突然变了，咖啡店里的人变成了明珠、明珠的父亲和父亲的一个朋友。

明珠继续描述她的梦："他们正在谈论怎么去结识一位漂亮的年轻女孩。这时另外一个女子走了过来，说那个女孩只有18岁，但她自己已经28岁了，劝老男人们就别打年轻女孩的主意了。"明珠着重强调了18岁，这也是她开始要求独立自主的年龄，通过这种强调，她透露了更多关于父女关系的信息。在明珠的成长过程中，她崇拜父亲，认为父亲是她的"初恋"和"阿尼姆斯形象"。在描述父亲时，她用了"安静、强大、睿智"这样的词。但这也让我获得了相反的信息，因为她同时也把他描述成无所不能、令人生畏的人。然后，她向我透露了一个让我感到惊讶的事实，她说她"必须每天向父亲鞠躬"，以此表达对父亲的敬意。

围绕这个梦的对话也让我了解到，她的父母只有在她表现优异时才会接纳她，所以他们对她的爱是有条件的，完全取决于她的成绩。

如果我的成绩单上是8.5分，我就会被质问：为什么不是 90 分……或者 95 分……反正从来都不够好。一旦做错了什么事，父母就会刨根问底地责备我，直到我感觉无地自容。

上大学后，明珠想主修音乐并报了秋季班的课程。父母知道后，认为该决定不切实际并擅自给她退了课。她的父亲坚持让她学数学，因为这样她就可以"帮助他做研究"。然后，在她不知情的情况下，父亲未经她的同意，亲自去学校更改了她的注册信息。一心想做孝顺女儿的明珠在大学第一年主修了数学，即使觉得这门课枯燥乏味也尽力忍耐。第一学年终于结束了，明珠也实在学不下去了，于是辍学离家去旅行。虽然这一行为让人看到了她争取独立自主的火花，但当她回来重新开始上大学的时候，内心中那顺从父母的意愿以示孝敬的冲动再次出现了。所以，虽然并不是真心想学，但她还是选择了心理学作为专业。她向我解释，这是一种妥协。因为从严格意义上讲，心理学也是一门科学，她知道父亲会接受。她还知道，学习这一专业可以避免在家里被他们批评，因为她的父母对这个领域一无所知。

在谈话过程中，当明珠开始把注意力放到梦中那个 28 岁的女子身上时，她认为这个女子代表的是希望。这个年长的女子在保护那个年轻女孩不受男人的伤害——28 岁是她终于完成博士学位且开始养活自己的年龄。但是，这个年龄离明珠彻底有能力养活自己并站稳脚跟还有一段距离。即使入职了一家知名医院，向权威表达"孝顺"的模式仍然在她心中根深蒂固。这可以从她的话中看出来：

现在，当老板告诉我干得不错时，我会对自己说"下次一定要做得更好"。这种情况从未停止。我厌倦了工作，但我不知道应该如何休闲放松。

更令人心酸的是，她随后补充道：

我只知道如何取悦别人，却不知道如何取悦自己。

第四章

掌上明珠

明珠是我执业初期的一位客户，那时我刚开始做分析师。她给了我一种很强烈的"中国式"感觉，尽管她看起来是现代人，接受了现代教育，还有一种"新纪元"式的生活作风。在她的梦中，她脖子上戴的围巾是中国风的，上面还印有中国地图，这个梦境证明我的这种感觉是正确的，而且后面的谈话还证明，这个围巾是在她疗愈过程中出现的一个重要象征。她表现出的孝顺程度让我对中国文化中的家庭关系有了更多思考，我再次深刻意识到：除了夫妻关系外，孔子在构想基本人际关系时把女性排除在外了。为了在我自己的脑海中澄清这些"缺失"的关系和女性所扮演的角色，我决定把它们描述出来。后来我还把这种观念应用到了我的工作中，事实证明这对很多女性非常管用，无论她们是来自亚洲还是西方。这就好像通过儒家的视角来看待当代的人际关系，能让她们对日常生活中发生的事情拥有更清晰的认知。例如我的朋友珍妮，她是一个相当典型的美国白人女性，在我的一次演讲中听到明珠的故事时,她的反应非常强烈。"她必须每天向父亲鞠躬!"她大喊道,"这太荒唐了!"然而,几天后,珍妮告诉我,她一直在想明珠的事情,并震惊地意识到,她自己每天也都在向父亲"鞠躬":

> 我们家的晚餐向来很正式,每次结束后我必须站起来告退。我必须看着习惯性地坐在餐桌上首的父亲说:"父亲大人,我可以退下了吗?"我以前从没觉得一个孩子这样请求离开餐桌有什么不对。但听完明珠的故事后,我突然意识到,我必须请示的那个人是父亲,从来不是母亲!如果他出差不在家,我就会直接从桌子旁站起来走开。而且,我必须称"父亲大人",从来不用叫我妈妈"母亲大人"。

珍妮还意识到,在其他很多方面她都必须表现出对父亲的"尊敬"。例如,如果他在书房的办公桌前工作,那其他家庭成员必须小心翼翼。一旦发出声音,母亲就会发出"嘘"的声音:"别打扰你爸爸。他在工作!"但我的朋友意识到,在她母亲做一些需要集中注意力的事情时,其他人从来不用这样,尽管她的母亲是医院的行政人员,有时会把非常重要的工作带回家。珍妮也意识到,每当父亲因为什么事心烦意乱时,她就会被告诫在家里活动时要踮着脚尖——不只是打比方,也是明明白白的要求。

回想起这一切的时候，我眼前出现了自己十几岁时的样子——每当父亲生气或心烦意乱的时候，我在家里就会蹑手蹑脚。我看到自己走路时踮着脚尖，缩着肩膀，弓腰驼背，就像要鞠躬一样。当我踮着脚尖走来走去的时候，我脑子里的想法是，他是那个"重要的人"，他的需求比其他人的更重要。当然，部分原因是恐惧。但是，我认为这也是孝道的一部分。当然，这里面有对父亲应有的尊重和崇敬，但也有对一个"上位者"，即一个等级比你高的人的恐惧。我父亲显然是族群里的"老大"！我们必须表现出尊重，不管他是否值得。

几个月后，珍妮告诉我，她一直在想，她对待父亲的态度向来是很恭敬的，但对待母亲却很少如此。因为珍妮和母亲的关系一直不好，所以认识到这一点对于她来说很难得：

> 我意识到这是我和母亲的关系出现问题的原因之一。我总是对父亲表现出那种"必要的"尊重，对她却没有！而母亲对我一直不满，多少可能是因为这个。面对母亲表现出的不满，我总是针锋相对，而且还会表现得更不敬！这样恶性循环下去，以致我们的关系变得难以调和。

像这类故事我从来访者和朋友口中听过不少，它们让我清楚地认识到，作为当代女性，若能认真审视孔子在列举五种基本关系时对女性的忽略就能获得很多深刻的洞见。但必须指出的是，这些故事固然可以让我们对封建帝制时期中国女性的生活管窥一二，但其实不能形容其万一。正如高彦颐和其他汉学家指出的，中国女性的生活极其复杂，在不同时代和地区千差万别。这些汉学家撰写了不少详细描述中国女性的著作，比如丽莎·拉斐尔斯（Lisa Raphals）的《分享光明：中国古代女性的德行》（*Sharing the Light: Representations of Women and Virtue in Early China*）、沃尔特·斯洛特（Walter Slote）、乔治·德沃斯（George DeVos）的《儒家与家庭》（*Confucianism and the Family*）、高彦颐的《闺塾师》。但我写这本书的目的和他们不一样，我只打算简单描述一下在中国两千多年的封建统治时期，女性是如何适应严苛的尊卑体制的，并就长期根植于无意识中的家庭尊卑和孝道等观念提出新的思考角度。

正如后文中我将提到的，古代甚至近代中国女性的社会地位从根上就充满矛盾。一个女子，从她出生的那一刻起，作为一个人的价值就被贬低了，因为她不是儿子，但与此同时，她身上又有着将来生儿子的潜力。生儿子是为了传宗接代，而这一点之所以如此重要，归根结底是源于中国人的祖先崇拜。这是一种自古有之的信仰体系，随着时代的发展，孝道和严谨的家庭结构受到进一步强调，这对于封建王朝时代的统治者来说是至关重要的。

在这个信仰体系中，那些供在祠堂里的直系祖先被认为是上天与家族后代之间的媒介。后代们相信祖先有能力左右族中大事，可以保佑子孙无病无灾，引导后人趋吉避凶。每一代祖先都被恭敬而严谨地写进族谱里，而其牌位则被供在祠堂里享受香火。为了确保祖先们积极地参与家族事务以庇佑后人，需要举行各种仪式来纪念他们。而如果没有连续不断的男性继承人，就没有人来延续家族血统，祖先的香火就会断掉。

女性被视为传宗接代的工具，是生者与死者之间的重要纽带，在家庭结构中本该拥有举足轻重的地位，但如果生不出儿子就什么也不是。"不孝有三，无后为大。"这就很矛盾了：一方面，女性一出生就因为"不是带把儿的"而地位卑下；另一方面，作为生者与死者、天与地之间不可或缺的一环，女性又有着无与伦比的价值。这样的矛盾从婴儿时代起就影响着女性生活的方方面面。在对这个悖论有了更深入的理解后，作为荣格学派的一员，我愈发觉得有必要尝试着去描述那些被孔子刻意忽略的、由女性所扮演的重要角色。在我看来，按照女性发展的不同阶段去描述这些角色更容易让人理解。

女性一生中所扮演的角色

女儿

前文说过，古代女子从一出生在家庭中的地位就很卑下。除了永远不会成为能传宗接代的男丁外，女子还被认为是"赔钱货"，不是经济和情感投资的好对象。《诗经》是一部被孔子高度推崇的经典著作，其中的一首诗《斯干》让我们看到,这种对待女儿的态度古已有之。这首诗歌描述了宫廷中对待新生男婴和女婴的不同习俗,也象征着他们在未来生活中的不同身份地位。关于男婴的描述是"乃生男子,载寝之床。载衣之裳,载弄之璋。其泣喤喤,朱芾斯皇,室家君王",意思是他被包裹在华丽的襁褓中,他那洪亮有力的哭声被视为活力的象征,他以玉璋为玩具——璋象征着王权富贵,而玉自古以来就被认为是最吉祥的宝石。相比之下,女婴出生时则只能"载寝之地"。这首诗还说,人们对她的期望只是"无父母诒罹"。她得到的玩具不是象征着王权富贵的玉璋,只是"载弄之瓦",即一个陶制的纺锤!

而下面这段写于千百年后的话表明,这种态度几乎没有改变:

> 当一个婴儿呱呱坠地,如果是个男孩,即使他强壮得像头狼,父母仍担心他太弱小;如果是个女孩,哪怕她娇弱得像小老鼠,父母仍担心她太粗壮。[①]

中国那句古话"嫁出去的女儿就像泼出去的水",就是这种态度的另一个写照。

在古代,虽然嫁人是一个女孩子最终的人生目标,但家人仍希望她的婚姻能帮助家庭提高社会地位或者获得其他好处。因为她一旦结

---

① Julia Kristeva, *About Chinese Women*, trans. Anita Barrows (London: Marion Boyars, 1977), p.76.

婚，就不再"属于"自己的原生家庭。嫁给另一个家庭被认为是女孩成长的关键，所以，从某种程度上说，她在自己的原生家庭中是"短暂的"存在，这种身为过客的感觉主宰了她的童年。

在"男主外"的家庭结构中，父权是家庭与外界的纽带，负责人情世故，维护家庭在社会中的地位，所以女儿的婚姻几乎全由父亲包办。如果认为有必要，他也有权卖掉她。在社会和经济地位不济的情况下，女儿可能会被卖给那些需要劳动力的家庭当童养媳。那些穷困潦倒的家庭，尤其是农民，也会把女儿卖给富户做妾、做丫鬟，或者卖给青楼做妓女。溺杀女婴是当时一些极端家庭的做法，而这种做法也在一定程度上造成了农村男多女少的状况。

具有讽刺意味的是，为了满足儒家的"女德"要求，女儿要接受远比儿子更严格的规训。这一点在缠足开始普及的时候尤为明显。虽然从生理意义上说，缠足是为了创造出她未来丈夫渴望和倾心的小金莲，但从心理意义上讲，这种痛苦的考验也是她具有忍耐和服从能力的标志。这些都是理想妻子和儿媳必备的珍贵品质。缠足期间所遭受的痛苦也使女孩开始成长，让她懂得更多，走向成熟。因此，女孩在外表和行为上都比同龄男孩老成，这并不奇怪，因为与男孩相比，她的童年太短暂了。

从双脚被裹上的那一刻起，女孩就变得谨言慎行，而且还要按照父母的要求学习适当的礼仪和行为规范。在《吾国与吾民》中，林语堂是这样描述已经进入青春期的女孩的：

她几乎不碰玩具了，开始承担更多家务，说话轻声细语，走路更优雅，坐姿更端庄了……最重要的是，她学会了以牺牲活泼为代价的娴静。一些孩子气的乐趣和愚蠢举动从她身上消失了，她不再张扬地笑，而是学会了笑不露齿……她认真学女红……她忙于家务，沉默地守护着自己的感受，不与任何人分享……她充满了谜一样若即若离的魅力……就这样，她已准备好承担起为人妻为人母的责任。

缠足习俗自形成后，就成为巩固"女德"的主要手段。做女儿的必须在家学会女性必备的各种技能，并任劳任怨地承担家务劳动。待字闺中的时候，她要做好嫁入夫家履行妻子责任的准备——她真正的生活将在那里开始。

在孔子列举的五种基本关系（君臣、父子、夫妻、兄弟、朋友）中，"女儿"这个角色根本没有被提及。在某种意义上，这可以解释为她所扮演的角色——母亲的女儿、父亲的女儿、姐姐或者妹妹——都没有被集体正式定义过。

母亲的女儿

在尊卑有序的家庭结构中，母亲在儿子和女儿面前扮演着非常不同的角色。这是因为母亲在家庭中的主要责任就是伺候自己的丈夫和公婆，而生儿子就是让他们满意的最佳方法。能否多生几个儿子，关乎她在这个家里的地位是否稳固。在某些家庭里，即使已经正式成婚，嫁过来的女人也要在生下儿子后才能名正言顺地成为家庭的一员。在这样的情形下，除非已经生下了数量令人满意的儿子，否则，因生下一个女儿而不受待见都算是比较好的情况，最坏的情况是会被全家人斥为不孝，对于一个初为人母的女性来说，这几乎是灾难。

而对于年轻的母亲来说，成功生出儿子的好处可不止帮她奠定在夫家的地位。作为外来的媳妇，在夫家的尊卑结构中，她本身既无权力也无地位，儿子的爱和忠诚是她安身立命的唯一指望。因为儿子拥有地位和权力，所以可以出面支持她，帮助她获得自己想要的东西——尤其是长子，因为长子在一个家庭中的地位仅次于他的父亲。不但如此，对于母亲而言，儿子也是她年老和丧偶后的安全保障。女儿则根本做不到这些，因为女儿自己就处于家庭结构中的最底层。虽然她们可以帮助母亲承担很多家务事，但就连这种帮助也是极其短暂的——她们最终会成为别家的人，不得不离开母亲去另一个被称为"婆婆"的女人面前尽孝。

当然，这并不表示母亲不爱自己的女儿。在传统的中国家庭中，所有子女都是受到宠爱的。但从女儿呱呱坠地的那一刻起，母亲对待她的态度就不可避免地受到古老价值观的影响。此外，在传统的母女关系中，母亲的职责就是把女儿调教成娴静端庄、多才多艺的淑女，这样她才能嫁入好人家。缠足习俗盛行后，帮女儿裹小脚也成了母女关系重要的一部分。

在走访了11位出生于20世纪的小脚老太太后，列维在《金莲之恋》中对这样的母女关系发表了深刻的见解。在回答"母亲对她们做了什么"这一问题时,每个女人都讲述了一些相同的细节。她们生动地描绘了自己所经历的痛苦和恐惧,并表明缠足给她们造成了难以磨灭的心灵创伤。她们还记得当年母亲的教诲:

> 如果一个当妈的爱女儿,就不会舍不得裹她的脚。如果不把女儿的脚缠成可爱迷人的小脚,她将来就寻不到一桩好亲事……刚开始裹脚的时候,当妈的要狠心下重手让她顾不上喊疼,之后就好办了……

前文提过,列维的访谈录确实表明,缠足的痛苦程度与母亲在此过程中所付出的关怀有直接关系。换句话说,母亲在这个过程中表现得越心疼,女儿感受到的痛苦似乎就越小。但不管怎样,缠足是逃不掉的——虽然这是为了让她在未来的婚姻市场上有人问津,但也让她沦为父权制的牺牲品。在儒家体系中,这是女子必须忍受的第一个考验,标志着她具有一个理想的妻子和媳妇所必须拥有的吃苦耐劳、逆来顺受的品行。正因如此,一双标准的小脚成为女人一生中最引以为傲的成就。如林语堂所说,因拥有小脚而受人称赞的新娘会对强迫她忍受痛苦的母亲生出感恩之情。为了在父权制度中互为对方争取生存空间,母亲和女儿、施害者和受害者通过这种方式捆绑在了一起。

父亲的女儿

在孔子提出的五种基本关系中,父女关系也没有被提及。这样的忽略表明，这是另一种没有被集体正式定义的关系。要真正理解父女关系，我们需要先与父子关系进行比较。父子关系是建立在传宗接代基础上的。儿子将父亲视为祖先尊敬着，父亲需要儿子在他死后供奉香火。儿子出生后，家族会举行专门的仪式，郑重宣告后继有人。例如，在那些古老的村落里，当某个家庭有儿子出生时，就会打开祠堂，郑重其事地把他的名字写入族谱。这个孩子满月的时候，家中必定举办满月酒席，有些村里还会举行庆祝活动，烤猪是必不可少的，村中每个男人都可以分到一小块肉。此外，在男孩成长的每一个重要阶段都有不同的仪式，例如开始上学时，他会被带到祠堂，在祖先和文昌帝君面前鞠躬。而女孩则完全没有这样的仪式。

在这样的体系中，父亲的权威性是毋庸置疑的，在极端情况下，哪怕有血缘关系，他也可以不认。父子关系就是这样由权力、服从、忠诚和尊重来定义的。而与此不同的是，因为女儿上不了族谱、进不了宗祠，所以不用像她的兄弟们那样被严格要求尊敬他们的父亲——至少在形式上没有那么严格。女儿也不会像儿子那样，需要举行仪式向天地宣告与父亲的关系。不过，女儿仍然要对父亲尽孝，因为这是天经地义的。

既然对女儿向父亲表达"尊敬"的形式并没有严格的要求，且教养女儿的责任通常由母亲承担，对于身为一家之主的父亲来说，与女儿的相处也就不用像与其他家庭成员在一起那样计较得失利弊。对于女儿来说，这是可以松口气的难得机会。这种较为轻松的关系通常更有可能出现在乡绅之家，因为和农民比起来，他们不会把女儿视为严重的经济负担。还有一个原因是,从前的女子通常早婚,这就使得因女儿导致家庭破裂的可能性降低了,比如母亲对女儿的嫉妒。这种积极轻松的关系会加强父女之间的联系,更真心的爱和感情也会因此取代敬畏和顺从。具有讽刺意味的是,在这种情况下,父女关系往往比父子关系更接近孔子所推崇的尊重和温情,而在父子关系中,更多的是拘谨、守礼和回避。

在中国的诗歌、小说和故事中,聪明、美丽、被父亲捧在手心的小女儿形象很常见。在这些故事中,在女儿待字闺中的短暂时光里,她会把最终给予丈夫的爱和忠诚先奉献给自己的父亲。迪士尼电影《花木兰》让西方人对这个人物形象有所了解,而花木兰的故事就是这样一个例子。尽管一些学者认为花木兰可能只是传说中的人物,但也有许多人认为她是真实存在的,她生活在5世纪左右。根据中国南北朝时期一首关于她的诗歌记载,当花木兰年迈的父亲被征召入伍时,她毅然女扮男装替父从军,并在外征战了长达12年。电影和中国的民间故事都把木兰同她父亲的关系描述得充满爱和亲情,甚至惺惺相惜。不过,在中国的民间故事中,强调更多的是木兰对父亲的孝心。另一个不同之处在于,这部电影以一种非常自由的现代风格,把重点放在木兰具有不输于任何男人的为人处世能力上,而原著则赞扬木兰在与众多男人共度的时光中保持了贞洁,并以此保全了她对父亲及家庭的忠诚和价值。

像这样的古老故事多强调孝道,而近现代的作家则用更为开放的态度描述父女亲情。在著名作家、诗人冰心的笔下,她与父亲的关系充满爱、陪伴、指导和尊重。她描述了父亲和女儿如何在书房里共度温馨的夜晚,有时他们只是沉默地坐着,有时则分享他们对各种话题的内心感受和想法。现代女作家丁玲也描述了父亲对女儿的深情。在她的文章《团聚》[1]中,一位退休的学者回忆道:

> 他盼望着他的长女。她是一个已嫁的长女,从小就没有母亲,不能同后母住得很好,嫁得又不如意;前几天带了信,说是要回家来,什么理由却没有说。他是最爱她的,爱到使兄弟们有着无言的嫉妒。其实只不过由于在同情,他怜悯她一些罢了。
>
> 他希望着,一个人悄悄的想,想着她小时垂着两条小辫在家中使性子,从小就有一种气概,任何地方,任何时候都不失去一种尊严娇贵的小姐气概。她进了学校功课最好,人人夸她。她很会交际,有许多次她代替后母,走到一些必需的地方去应酬。他又替她选好了一个名门世家。谁知这公子却是一个最坏的浪荡子。命运把她毁了。她的终身成为她爹最心痛的事。就是她不回家,不在他面前埋怨咕咕,他也几乎无天不怀念着她的。

父亲的情感表现为对女儿命运的遗憾和无助。因为她真正的人生

---

[1] 丁玲:《丁玲全集(4)》,河北人民出版社,2001。

是嫁人后才开始的，效忠的是她的丈夫和丈夫的家庭。父女之间的感情越深厚，那种失落感就越强烈。但别忘了，也许正是因为这样的关系太短暂，才能让父女之间拥有这样的体验。

备受宠爱的女儿常被父亲称为"掌上明珠"。虽然这是一种充满爱意的表达，但也宣告了一种所有权——可以说是父亲"掌控"了女儿。这提醒我们，并非所有深厚的父女之情都是积极的。老舍在《骆驼祥子》中描述了这种关系的一个极端例子：父亲是一个鳏夫，他不准已经30多岁的女儿出嫁，并要求她必须在情人和父亲之间做出选择。不受宠的女儿，往往与父亲情感淡薄，面对父亲的时候她被要求必须战战兢兢、敬畏服从、毕恭毕敬。在注重男女大防的中上层阶级中，女儿大部分时间都和家里的其他女性待在闺阁里，事实上可能很少与父亲互动。

妻子和儿媳

妻子和儿媳需要被归为一类的事实本身就说明了问题。在西方文化中，它们当然是两个完全不同的角色，但在我描述的中国传统文化中，它们是不能分开的。在婚礼上，新娘总是穿着红色的衣服，这是一种象征着新生的颜色，标志着她进入了一个新的家庭，融入了一个新的家族，开始了新的生活。对于男人来说，婚姻标志着向成年状态的顺利过渡，并伴随着种种特权的到来，而对于女人来说，婚姻是一个心理上的创伤性事件。这标志着她离开了原生家庭，不再是她生父家庭的一员，与她的兄弟姐妹和亲戚断绝了所有的感情联系。这也标志着她作为儿媳的人生阶段正式开始——一个在家庭等级制度中地位最低的陌生人,肩负着融入一个陌生、排外且挑剔的家庭的沉重任务。

虽然丈夫是她要百分之百服从的人,但婆媳关系才是她优先要考虑的。按照《礼记》的要求,她必须敬爱公婆、用心服侍、百依百顺。在这个新的家庭中,丈夫自己也处于从属地位,如果公婆不喜欢或不认可她,就有可能让丈夫休掉她,这将给她和她的原生家庭带来巨大的耻辱——不管真正有错的是谁。对家里除丈夫以外的其他男性——比如丈夫的父亲和兄弟——她必须注意避嫌。婆婆是这个家里与她联系最密切的人,担负着教导新妇让她融入家庭的任务。这时候,婆媳之间上演的大戏就开场了。婆婆磋磨儿媳通常是当时中国家庭生活的一个显著特征。在中国的小说和民间传说中,残忍的婆婆往往扮演着欧洲童话中邪恶继母的角色。在新的家庭结构中,唯一能真正支持新娘的人是她的丈夫。但对于她来说很不幸的是,他的"儿子"角色要先于"丈夫"角色,孝道要求他站在母亲那一边,而婆婆经常会利用这一点来辖制儿媳妇。

婆媳之间的关系异常复杂,在某种程度上类似女主人和被奴役的女仆。她们绝不会惺惺相惜,在相处中经常爆发激烈的情绪。在关系最恶劣的时候,往往是一方心中充满恐惧和仇恨,而另一方极尽蔑视之能事[1]。例如,在列维讲的一个故事中,婆婆因为新媳妇的脚裹得不符合标准而百般嫌弃。她对儿媳妇又打又骂,亲自监督着让这个可

---

[1] 到了近代,年轻妻子在中国家庭制度中的命运推动了女性解放和家庭改革运动。有统计数据表明,在那之前大多数自杀和自杀未遂的悲剧主角都是年轻的已婚妇女。

怜的女子重新缠足。这个婆婆在儿媳妇的裹脚布里放碎瓷片，结果导致儿媳妇的双脚因被感染而发炎溃烂。在这样的折磨中，新娘只能自杀以求解脱。这是她对那个凌虐她的家庭所能做出的最严厉的公开指控——用她的死来告诉世人这家人不厚道。对于这位被虐待的儿媳妇来说，死亡不仅能结束痛苦，也是唯一能给她力量去惩罚施暴者的手段[①]。有时候，威胁要自杀可以在某种程度上保护年轻女性，因为如果她自杀了，她的娘家可以状告夫家。一场漫长而令人厌烦的官司和"丢面子"的威胁往往足以在一定程度上保护这个女人。

在很多年轻女性眼中，那时的中国家庭是可怕的牢笼。亚瑟·史密斯（Arthur Smith）敏锐地观察到了这一点，他说：

> 旧中国社会结构中最薄弱的一环是女性缺乏安全和幸福的保障……活着的时候得不到法律提供的任何保护，而她拼命得到的那点公平，严格来说只是一种死后的让步[②]。

一个女子终其一生所扮演的角色众多，而在孔子列举的五种基本关系中，女性唯一一次出场是在夫妻关系中。这种关系的指导原则是"相敬如宾"。妻子作为一个人的重要性是次要的，"伴侣"这一角色也是

[①] Margery Wolf, "Women and Suicide in China", in *Women in Chinese Society*, Wolf, Margery and Witke, Roxane, eds., (Stanford, CA: Stanford University Press, 1975), pp.111-141.

[②] Arthur A. Smith, *Village Life in China*, quoted in Wolf, Margery and Witke, Roxane, eds., ibid., pp.11-14.

无足轻重的。《礼记》规定了夫妻之间的哪些行为是适当的，一般规则是所有身体接触和亲密行为都应严格限制在卧室内。人前表达亲昵被认为是下流之举。《礼记》甚至严格规定了男人与妻妾同房的顺序和频率。夫妻关系的主要目的是生育孩子。如前所述，在儒家的家庭结构中，传宗接代才是优先考虑的，个人的感情和欲望是次要的。对于家庭来说，一个嫁不出去的女儿是经济负担，也让家人脸上无光，所以，对于女性而言，嫁人之外的唯一出路就是出家。

尽管幸福美满、相互尊重的夫妻关系确实存在，但在严格的家庭尊卑结构下，在完全包办的婚姻中，新娘面对的挑战是巨大的——尤其是在她生下儿子之前。

当家主母

"母亲"是女性最被看重也是回报最大的角色。从某种意义上说，只有当儿子出生并被记入族谱之后，她与丈夫的婚姻和作为儿媳的地位才真正确立。儿子帮她融入了这个家庭，因为她延续了他们的香火。她的未来取决于与儿子们的关系，所以她必须培养他们的忠诚。考虑到这一切，母亲对儿子的强烈依恋就很容易理解了。此外，成为母亲有助于减轻她在陌生环境中体验到的孤立感，尤其是在家有恶毒婆母的情形下。因此，母亲在男人心目中扮演着重要的角色。虽然母子关系并没有被孔子包括在五种基本关系中，但"四书五经"强调，儿子应敬爱母亲。[1]中国有不少作家和诗人用充满温暖和理解的笔触描写了母子亲情。

当儿子娶妻,她也终于"千年媳妇熬成婆"的时候,她就会获得一个有尊荣、有权力的位置,正式融入了这个家庭,再也不是外人了。但是,在她自己的婆婆卸下管家大权并交由她执掌之前,她在这个家庭中的地位并没有真正巩固。要等到婆婆去世后,她才算是完全当家做主。如果她是家里的长媳,她就会成为所有女性中地位最高的那一位。丈夫去世后,她就摆脱了男性的统治,尤其是在没有其他男性户主幸存的情况下。由于在家庭等级制度中,年轻人要服从老人,因此年长的母亲和祖母受到尊重,并享有一定的优势。尽管如此,她拥有的权力永远不会像年长的男性角色拥有的那样完整。男人有能力行使真正的权力并负有最终责任,而老年妇女得到的不过是形式上的尊重和物质上的保障罢了。

当然,不管是过去还是现在,都有很多例子表明,当家主母可以凭借她们钢铁般的意志或控制软弱丈夫的能力,成为家庭事实上的掌权者。比如《红楼梦》中的"老太君"是一个很有权势的当家主母,但仔细阅读就会发现,她的权力实际上来自她担任高官的儿子和一个成为皇妃的女儿。像她这样强大的遗孀确实存在,但她们的权力、地位从未得到官方认可。

---

[1] 有趣的是,孔子不知道自己的父亲是谁,是母亲一直保护他、激励他,在他生命中扮演着极为重要的角色。孟子是中国伟大的哲学家,以解读、继承并发展孔子的思想而闻名。孟子的母亲非常重视孩子的教育,"孟母三迁"在中国是家喻户晓的故事。类似的例子还有岳飞的母亲,岳飞是南宋的杰出将领。

男人的妾室

在长达两千年的封建统治中,中上层阶级的男人纳妾是常事。豢养妾室是合法行为,所以,在环境的逼迫下,女子可能不得不委身做小。在原配们眼中,小妾是乱家的根源。但是,由于男人可以拥有三妻四妾,这就使得情况变得更为复杂,男子的第一任妻子,或者说正房原配,不仅要忍受地位更低的小妾,还要忍受其他与她平起平坐的妻子。因为一夫多妻多妾制是被当时的社会制度允许的,所以当丈夫又抬了一房妻妾进门时,于正妻而言根本谈不上羞辱。但总的来说,这样的家庭就别提什么岁月静好了。

引发问题的一个常见原因是,正妻通常源自父母之命、媒妁之言,而小妾则是由丈夫自己选择的,所以妾更有可能与他产生感情。所以,不难想象为什么说妾是乱家之源,因为她们很容易挑起妻妾之间的争风吃醋甚至互相伤害。当身为家主的男人上了年纪,膝下儿子都成年的时候,再有年轻漂亮的小妾进门,那情况就变得更复杂了。在古老的史书《春秋》中,皇后与嫔妃、王妃与姬妾因争风吃醋而斗得你死我活的故事比比皆是。宫廷斗争通常是由嫔妃们挑起的,除了争夺帝王的宠爱,她们还想让自己的儿子夺得大权。

尽管妾被认为是合法的家庭成员,但她的地位低于正妻,因为正妻是通过"三书六礼"郑重其事地抬进门的,地位有保障。妾室与正妻的关系在某些方面形同主仆。更重要的是,正妻是整个家庭的"嫡母",所以小妾生的孩子被归为嫡母所有。妾室的地位也是极不稳定的,因为她的主要功能是满足丈夫的性需求,如果丈夫对她失去兴趣,她就可以被卖掉。所谓的"平妻"也是如此，如果她们不再令丈夫满意，就很容易被休掉。所以不管是平妻还是妾室，她们在家庭中是否安全在很大程度上取决于她们与正妻的关系是否和睦。在中国小说[1]和民间故事中，充斥着大老婆虐待小妾的故事。

在农民家庭中情况则有些不同，因为在这样的家庭中，妻子在经济上是不可或缺的。正因为如此，她有了更多的行动自由，与丈夫的关系也更加平等。尽管如此，她依然会时时担心，因为如果家庭的经济状况好转，丈夫就可能带个妾回来。在赛珍珠的《大地》(*The Good Earth*)中我们就能看到这样的例子，这本书是对1900年左右中国农村生活的真实写照。

总的来说，在人生的每一个阶段，旧社会中国女性的心理状态都深受父权制家庭结构中各种力量的影响。作为女儿，她就像一个暂时寄居于原生家庭的孤儿。作为妻子，她就像一个被夫家收容的外人，生育——尤其是生儿子——是她唯一的救赎，前提是她的儿子将来对她忠诚。在尊卑有序的家庭结构中，随着年龄的增长，她慢慢有了一些权力和威信，但只有当她比公婆和丈夫活得更久时，才能真正在这

---

[1] 在小说《红楼梦》中，描述了主角之一王熙凤是如何应对丈夫贾琏的风流韵事以及与妾室战斗的。当凤姐撞见丈夫偷腥时，她心里一阵剧痛，几乎背过气去。她气得浑身乱颤，冲上去打了和丈夫偷情的仆妇两巴掌。全家都站在她这边，把那个勾引她丈夫的女人撵了出去。当另一个名叫尤二姐的女子被贾琏设计沦为妾室后，凤姐千方百计地毁了她：尤二姐先是被害得堕了胎，最后在绝望中被迫自杀。在另一部小说《金瓶梅》中，正妻会和丈夫的妾室们一起筹备家庭聚会，还要负责调解小妾之间的冲突，甚至在丈夫偏宠某个小妾时斥责他。但是，妻妾们都无法容忍丈夫狎妓、与婢女苟合或与外面的女人偷情。

个家庭中掌权。即便如此，她的权力仍然有赖儿子们的忠诚和成就。

在父权制秩序中，女性的命运由父权决定，生活的好坏取决于她与男性的关系——"在家从父，出嫁从夫，夫死从子"。因此，她与男性的关系带有极强的目的性，有着各种权衡算计。而她与女性的关系更为复杂——这种情况因缠足习俗的存在而变得愈发突出。在这个近乎暗无天日的过程中，她在情感上体验到了被母亲抛弃的痛苦，而由此导致的情感上的抗拒与缺乏信任切断并摧毁了她与母亲最初的联系。等到结婚后，婆婆成了另一个母亲，但这个母亲通常是负面形象，就像西方童话故事中的邪恶继母一样。她必须费尽心机和婆婆争夺丈夫和孩子的忠诚。如果运气好点嫁了个家境殷实的人家，她还不得不与姜室们分享她的丈夫。

在这个父权制结构中，男性以让女性缠足成为"废物"为条件，允许她们加入由他们掌控的秩序。缠足削弱了女性的力量，削弱了她们与大地母亲的天然联系，把她们变成了身带残疾的奴隶。女子不但生下来就低男子一头，还受到各种限制，连正常的行动能力都成了奢望。在这种环境中，她们只能低声下气、做小伏低、逢迎讨好，这是她们赖以生存的手段。就这样，在父权制下苟且生存的女性习惯了自我否定，放弃了自己与阴性本质的连接。她们早早地将本能的阴性自我切割了，作为女性，她们的自我认同感被生下来就如影随形的自卑感破坏了。

作为荣格学派的分析师，我从事心理治疗工作已经有不少年头了。我看到有很多女性，无论是来自东方还是西方，在心灵深处都努力地想要践行孝道。这种努力就像一种生存需求，通常以微妙的无意识方式从母亲传递给女儿。我的朋友珍妮就是一个很好的例子。在经过一番深思后她最终发现，她对父亲毕恭毕敬的态度以各种方式影响到了她与男性的关系，并最终影响到她的丈夫。在一次谈话中，她告诉我：

> 当回想起每次父亲在家工作或心情不好，进行活动时我都会不自觉地"蹑手蹑脚"时，我意识到这样做其实是在向父亲"鞠躬"。有了这样的想法后，我很快就发现，在某种程度上，我也在对我的丈夫做同样的事情。这对于我来说简直如同晴天霹雳，因为我一直认为自己是一个女权主义者！

对于她来说更糟糕的是，捅破这层窗户纸的是她十几岁的女儿。一天晚上，珍妮让女儿整理客厅，她说："我们在爸爸回家之前做完吧，不应该让他看到家里脏兮兮的样子！"女儿看着她说："你为什么总是说这样的话？这样不对！我们打扫屋子是为了家里的每个人！家里的每个人都和爸爸一样值得拥有一个整洁的家！"

> 她说这话的时候，我惊呆了。我立刻意识到她说得很对。当意识到在父亲身边我会不自觉地踮着脚尖走路时，我发现了在丈夫身边我也一直在做同样的事情。不但如此，我还不断地通过言行下意识地告诉女儿，在家里"爸爸"比其他人拥有更多的权利！谢天谢地，在她成长的过程中内心足够强

大，有力量来抗衡我灌输给她的这种想法！

珍妮的故事是一个很好的例子，说明我们可以有意识地打破这种恶性循环。另一个例子来自一位长程来访者。这个例子很有意思，因为它让我们看到，这种对待父亲的态度不仅出现在个人关系中，在我们处理与以权威形象出现的机构或集体的关系时，同样能找到其蛛丝马迹。这也让我们意识到，重新与阴性本质建立连接是纠正这个问题的关键。

在这位名叫玛格丽特的来访者的案例中，这个权威形象是医疗机构给予的，而这种错综复杂的关系从她很小的时候就开始了。玛格丽特小时候患有一种极其严重的哮喘，她的童年充斥着频繁住院和被抢救的记忆。医生是她生活中非常重要的组成部分。随着时间的推移，新的药物和更好的治疗方法出现了，她的病情逐渐好转，最终过上了相当正常的生活。因为有这样的经历，也就难怪医学在她心中地位特殊，让她在很小的时候就下定决心要成为一名医生。在她做出这个决定时，医生这个职业还被认为是"男人的工作"，所以她的家人并不是特别支持她。但不管怎样，一旦下定决心，她就以非凡的毅力朝着自己的目标努力。她拼了命地学习，最终被一所医学院录取，毕业后如愿成为一名医生。

她热爱医学，在多年的行医生涯中一直乐在其中。对于她来说，熟悉的医学模式在小时候救过她，后来又把她训练成一名医生，在她眼中它几乎是完美的，她从没想过它会有什么缺点。但随着时间的推移，她慢慢地开始感到幻灭——她并不是质疑作为一门科学而存在的医学，而是对浸透到这个模式中的父权态度不敢苟同。为了更好地了解自己，也为了探索自己内心的想法，玛格丽特开始找我做心理分析。然后她逐渐意识到，她的阿尼姆斯，即她自己男性化的一面，已经失去平衡，需要加以整合才能让她的整体存在更加完整和谐。回顾过往时她发现，她先是把自己投入到医学研究中，后来又投入到医疗行业这个由男性视角主导的领域，这让她失去了一些内在的女性视角。

在心理分析过程中，玛格丽特不断地探索自己，这帮助她重新与阴性本质建立了连接。不但如此，她还在其他方向进行了探索。基督教对她一直很有吸引力，后来她加入了天主教会，成为唱诗班的一员。她对其他宗教如佛教、道教，包括气功也颇有研究，同时也热衷于各种身心疗法，想通过这种方式追求精神层面的发展。她还开始练习冥想，并惊讶地发现冥想让她的身体健康和哮喘症状有了很大的改善。作为一名医生，她觉得这种现象非常神奇。玛格丽特开始查看相关的科学研究，深入了解冥想对疾病的影响，研究后发现在自己身上出现的好转现象并非巧合。有了这些研究提供的可靠数据，她开始将各种形式的冥想融入她的医疗实践中。很快，其他医生看到了这种方法取得的积极效果，开始把他们的病人介绍给她，学习她教给自己病人的技术。

有意思的是，玛格丽特将女性视角带入她自己的治疗过程（冥想），促进了精神层面的发展，并通过身心疗法与自己的身体建立了更紧密的连接，这样的变化与她在医疗领域取得的成果异曲同工。因为在医疗领域，她同样将更多的女性元素融入自己的治疗方案。在过去由男性主导的医疗模式中，医生是"治疗"病人的权威人物，病人只能被动地接受这种治疗。但在玛格丽特的治疗模式中，病人认识到，他们才是自己身体的"权威"，更重要的是，治愈的力量来自他们自己。久病成良医的个人经历，加上从各项科学研究中找到的足以支持她观点的更多佐证，让玛格丽特坚信，这种更为女性化的视角将成为未来医学模式中不可或缺的一部分。

在下一章，我们将探讨精神层面的阴性本质在中国历史、神话和传说中所扮演的角色，并进一步探索它在我们追求完整的过程中所发挥的强大的隐喻作用。

第五章

西王母

当明珠首次尝试利用荣格心理分析来寻找自我时,我做的第一件事就是让她做一个联想测试(Association Experiment)。该测试是由荣格设计的,目的是揭示那些我们拥有但没有意识到的情结。此外,它还可以揭示这些情结是如何影响我们的生活,如何让我们的目标屡屡落空的。明珠的联想测试显示,她有权威情结(authority complex)。这种情结通常被认为与所谓的"父亲情结"密切相关,在不同的心理学流派之间,这两个术语几乎可以互换使用。许多女性都有这种情结,因此,她们一生都在寻找爱或认可——先是从她们的父亲那里,后来从其他权威人物那里。在过去的20年里,这一观点已广为人知。

尽管很多人对这一情结有所了解,甚至一提起来就觉得是老生常谈,但一个不争的事实是,仍有为数众多的女性正深受其苦。这些女性年幼时往往没有得到足够的爱和认可,所以内心深处一直不由自主地渴望它们,最终形成了"情结",而这一情结对她们日常生活的影响已经远远超出了最初的心理需求。

明珠就是一个很好的例子,可以让我们看到这一情结是如何发挥作用,又是如何在无意识中操控我们人生的。即使你已克服了很多心理问题,不再疯狂地寻求权威的认可,你也很可能会在明珠身上看到自己的一些影子。在刚开始接受分析时,明珠做了以下几个令她很不安的梦:

> 一个女人带我回家,那个家夹在两层楼之间,如果没有她的带领,我根本到不了那里。
>
> 两位老太太躺在医院的病床上。她们走不了路。医生正准备从她们的脊椎骨中抽取一些液体进行检查。

在另一个梦中,她看到了一个可怕的社会场景:

> 人一死就会被吃掉,尤其是年轻人。我来到一个地方,看到有人刚咽下最后一口气就有人向他举起了屠刀。

大家应该还记得明珠的故事,她一生都在努力达到那些不可能达到的完美目标——考出更好的成绩,获得更高的学位。拿到博士学位后,她在一家知名医院找到了一份地位很高的工作,但她一直觉得压力很大——她想要更好地表现自己,想要证明自己。当我们对上面的梦展开讨论时,她逐渐意识到,梦中的意象至少在某种程度上代表她对不断追求完美和在医院工作这两件事的真实感受。她的压力来自苛刻的老板和挑剔的同事，最终令她精疲力竭。她借助梦中的意象非常形象地告诉我，医院"吸干了她的血"。

明珠的性格特点是她接受这份工作并陷入当前困境的原因之一，这也是那些具有权威情结的女性所共有的。明珠一生都在追求成就，严以律己，而且非常注重结果。这些特点体现在：她上学时不断追求最高分，努力获得博士学位，工作后竭力追求成功。这些表现，就其本身而言都不是坏事。事实上，我们的社会对此持褒奖态度。但对于明珠个人以及今天的许多女性而言，除非能做到尽善尽美，否则她的内心永远得不到满足。而完美是一个不可能实现的目标，因此，已经取得的成就永远无法让她满意。无论她多么努力都会觉得还不够——但她真的已经用尽全力了。事实上，她从未停止工作。她从不允许自己停下来歇口气。当前拥有的一切是明珠殚精竭虑的结果，是完全理性的选择。不幸的是，这是以否定她天性中情感和直觉的一面为代价的。她放弃了自己的需要、欲望和情感，首先是为了取悦要求苛刻的父亲，然后是为了获得以她的上司、优秀的同事和医院本身为代表的权威人物的认可。在这个过程中，她屏蔽了自身的感受，牺牲了自己的人际关系。

根据荣格理论，这一情结与阿尼姆斯（女性内在的阳刚面）的过度发展有关。阿尼姆斯和阿尼玛（男性内在的阴柔面）一样，既是我们个人的一种内在结构，也是一种原型意象。对于一个小女孩而言，她眼前的父亲身上有着原型父亲意象的很多投射，这个原型"父亲"

代表着理性、正义、法律、秩序以及制度等。他是典型的权威人物。对于一个在犹太－基督教传统中长大的孩子来说，最终的原型父亲通常与"天父"有关；而对于一个在中国传统中长大的孩子来说，这个概念可能包含在"太祖"或"天子"的形象中。这就是父亲的话对于女孩来说如此重要和权威的原因之一。而女孩要成长为一个完整的女人，就必须意识到真实的父亲只是一个普通人，并将自己的亲生父亲与原型父亲的意象区分开来。在明珠的梦境中，医院里的两位老太太代表着虚弱的阴性本质，她们无法行走，在人生道路上停滞不前。就像那些小脚女人一样，她们的脊椎骨需要检查一下——她们失去了自己的立足点，因为她们已经断开了与强大且生生不息的阴性力量的连接。明珠需要一个健康的女性形象（也许就是她的分析师）帮助她，为她指明前进的方向。明珠本能地意识到梦中这个女人的象征意义，她"带我回家"，并补充说："没有她的带领，我根本到不了那里。"对于明珠来说，两层楼之间的家是她的"精神家园"，是她在东方与西方之间找到的灵魂归属。她治愈自己的方式就是与这个承载着自性，代表心灵固有的治愈力量的女人建立连接。

在分析过程中，明珠逐渐意识到，为了摆脱眼下令她窒息烦躁的困境，她需要重新与阴性本质建立连接，以此来平衡她那过度发展的阿尼姆斯。她必须重新找到自己的阴性立足点，把无力的双腿从手术台上放下来，让双脚重新接触大地母亲，这正是今天的很多女性需要做的。就像那些为了赢得父亲和丈夫的认可而缠足的中国女孩一样，我们已经与阴性原型失去了连接。对于我们中的许多人来说，这意味着我们的阿尼姆斯发展过度了。我们追求完美，达不到时就自我贬低；我们夜以继日地劳作，从不停下来喘口气；我们过于以成就和结果为导向，牺牲了直觉和感性，让位于理智和理性。当然，我并没有说成就、智力或某种程度的努力不好，不好的是让自己严重失衡的状态。现在是让阴性意识回归的时候了。没有阴性意识，我们并不比那些被缠足的姐妹好多少——我们的脚在精神上被束缚着，换句话说，我们是心理上的小脚女人。

透过中国意象来看这个问题会让人大有所获，其中一个原因就是我们可以借鉴中国古代的神话和传说，这些神话和传说中不乏强大的女性原型意象，有些甚至可以追溯到新石器时代。在祖先崇拜开始形成的上古时期，各种以自然和神巫为对象的崇拜形式也相继出现。尽管祖先崇拜和更基于自然大地的崇拜形式在很多方面有所不同，但它们在一定程度上是相互关联的，并以不同的方式共同构成了中国原始宗教的基础。

中国古代的世界观就是以这两种传统为基础形成的。这种世界观认为，在生机勃勃的大自然中，人类只是其中的一部分。宇宙中有一种名为"气"的神秘生命力，它维持着"阴"和"阳"这两股宇宙能量永不止息地相互作用。这种生命力遵循着确定的规则运行，代表着自然的最高秩序——"道"。那些循"道"而行的人会增加他们的"德"，能安享长生和幸福，而那些偏离"道"的人则会遭遇不幸和痛苦。"德"并不是人类的专利，某些鸟类、兽类、石头和植物也有"德"，例如乌龟、玉、松树和某些蘑菇。

阴和阳具有同等重要的作用，两者互为依存，缺一不可。但中国文化是从灵魂角度来看待阴阳概念的，这就让祖先崇拜得到了强化。阴神被称为"魄"，在受孕的那一刻就存在了，直至人死亡尸体腐烂才会消散，而被称为"魂"的阳神则在胎儿离开子宫的那一刻进入其体内。人死后，阳神升天并成为后代的祖先之灵，享受凡间子孙的香火供奉。几乎可以肯定的是，正是因为魂是"阳"的才能升天，所以人们才认为唯有家庭中的男性才能承担祭祀祖先的神圣职责，也唯有男性才能繁衍后代延续家族香火。虽然祖先崇拜最终在中国变得极为普遍，但在早期它主要是封建地主的特权，因为在当时，没有土地的平民根本没有姓氏。所以在古代农民的生活中，更基于自然和神巫的崇拜形式可能扮演着更加重要的角色。在这些自然主义形式的崇拜中，阴的力量比阳的力量更有影响力也就不足为奇了。

尽管一些中国历史学家提出，新石器时代是母系社会①，但当今的考古学家普遍认为这一观点缺乏确凿的证据。正如专门研究中国古代女性神话人物的柯素芝（Suzanne Cahill）在她的著作《宗教超越与神圣激情：中国中古时代的西王母》（*Transcendence and Divine Passion: the Queen Mother of the West in Medieval China*）中有些遗憾地指出："与欧洲和日本不同的是，中国没有发现新石器时代大母神的痕迹。"

当然，我们可以说，在大多数文化中，早期形式的地球崇拜都倾

---

① 陈东原：《中国妇女生活史》，商务印书馆，2015。
  林语堂：《吾国与吾民》，黄嘉德译，湖南文艺出版社，2016。

向于将地球"女性化",视之为滋养万物的母亲。天父地母的概念在中国人心中也是根深蒂固的。生与死被理解为一个由大自然母亲所掌控的连续过程的一部分,是她给种子注入了生命,然后借着死亡再次将其纳入自己的怀抱。

在中国最早的神巫仪式中,我们可以找到一些借助阴性来沟通天地的方式。神巫崇拜似乎有史以来就是中国最常见的宗教形式。神巫文化认为现实世界分为两重,一重是物质的,一重是灵性的。其中,灵性层面是最重要的,也是最真实的。巫师通过进入恍惚状态,在这两个世界之间架起一座桥梁,借此与灵界沟通。虽然每一种文化都有自己的神巫信仰,但它真正的起源可能是约万年前的西伯利亚。从新石器时代开始,它逐步传播到中国并盛行了数千年。尽管后来它逐渐式微并被形成儒家思想基础的更理性的思维所取代,但在整个商朝时期它都是一种极具影响力的传统,直到公元前400年左右仍发挥着重要的作用。[1]

千百年来,中国的巫师通过解读燃烧后的牛骨和龟壳上形成的不同裂纹来占卜吉凶。这些解读被记录在骨头上,成为后世众所周知的"甲骨文"。迄今已经发现了成千上万块这样的骨头,最早的可以追溯到商朝初期。这些文字揭示了巫师是如何认识到自然的力量,与灵界和动物界沟通,并试图判断天意的。根据一些权威人士的说法,商代的很多巫师可能都是女性,她们不仅负责占卜,还负责联系上苍,

---

[1] Martin Palmer and Xiaomin Zhao, *Essential Chinese Mythology: Stories that Change the World* (London: Thorsons, 1997), pp.16-18.

并解读天意。

无论最早的巫师是否全部或部分为女性，我们都可以在许多地方找到蛛丝马迹证明女性原型意象对中国早期思想影响重大。其中之一就是"姓"这个汉字是由"女"和"生"两个汉字组合而成。这经常被用来证明，在古代中国，孩子是冠母姓的。此外，所有据说源自神话中黄帝时代的中国姓氏都以"女"字为部首。①

从中国经典《易经》的演变历史中，也可以清楚地看到阴性本质的重要性。我们前面提到过，《易经》是孔子推崇的"五经"之一，其历史可以追溯到商代。它最初可能只是用作占卜的工具，但在公元前1000多年前，它已经发展成为一部集伦理、哲学和宇宙论为一体的著作。它以64个卦象为基础，每一卦由阴阳交替的六爻组成。卫礼贤是最早翻译《易经》并使这部作品在东方和西方都成为经典的人，他曾经提出，六十四卦之首应是"坤"卦，意思是"柔顺、接纳"。② 坤卦全由阴爻组成，其首要地位一直保持到公元前1144年左右，据说是周文王改变了前两个卦的位置，把全部由阳爻组成的"乾"卦放在了第一位，这一放就到了今天。中国民族学家杜而未认为，"坤"卦曾居首位的事实表明，中国原始宗教形成初期应该经历了一个以大地和自然崇拜为主的阶段。在他看来，以敬奉各种神灵的形式表达对大地的崇

---

① Robert van Gulik, *Sex Life in Early China* (Leiden: Brill, 1961), pp.4-8; Kuo-Chen Wu, *The Chinese Heritage* (New York: Crown, 1982), p. 21.

② Helmut Wilhelm, *Eight Lectures on the I Ching* (Princeton, NJ: Princeton University Press, 1975), p.26.

拜是中国文化的根基。甚至有人认为，在中国数千年的文化中，地位始终稳固的灶神最初是一位女神。灶神将家庭灶台和火这两个象征结合起来，是向上天诸神传递人间信息的使者。因此，灶神向天庭报告家事，监督家德，是连接天与地的最密切的纽带。

虽然天帝被视为始祖并因此默认是男性，但在商朝也存在着强大的女神，其中就包括西母和东母。虽然我们对商朝神灵知之甚少，但这两位女神肯定是被敬仰供奉的，甲骨文中也记载了她们接受贡品以及有人向她们献祭的情形，显然她们被视为不可忽视的强大力量。这一兼具神秘与具体的母亲意象在中国人的心灵中扎下根，后来成为道教信奉的圣母。事实上，商代的西母很可能就是后来成为道教主神的那个西王母。

有趣的是，与西母对应的东母从神殿中消失了，后来化身为不同的男性形象——有些是人，有些是神，所扮演的只是女神配偶这个不那么重要的角色。尽管在甲骨文有记载之后的大约一千年里，没有找到关于西母的书面记录，但在这个时期过去后，她又在好几种不同的文化信仰中以女神的形象出现了。到公元前4世纪左右，西王母这个称呼已经取代了西母，不仅成为主要的女性神祇，而且在道教所有神仙中排名第二。

虽然不能肯定西王母神话的源头是女娲，但很多史学家在记录上古神话传说时都把女娲放在第一位。在这些典籍中，女娲是上古三皇之一，她来自太初，创造了文明和人类。而且，在我们接下来详细讨论西王母时你将会发现，这两者有许多相似之处，其中之一就是女娲源自神巫文化。在所有与女娲相关的神话传说中,她都是以人首蛇(或龙)身的形象出现的,而龙是一种具有重要神话意义的生物,这表明她与灵界和动物界都有关系(图3.1)。

当然,在荣格思想中,两者都是相同的阴性原型能量的表达。在中国文化中,它们都是阴的表现。正如我在第三章中解释的那样,女娲和与她相对应的男神伏羲据说都是在阴和阳两种力量的共同作用下突然出现在宇宙之初的,并非由什么生出来的。在许多神话传说中,他们后来一起前往圣地昆仑山,请求上天允许他们成婚,他们也因此成为世上第一对夫妻。

另外,女娲在很多方面都与乌龟的形象联系在一起,而乌龟在中国文化中是典型的阴性生物。比如女娲补天的故事,讲的是女娲如何拯救世界和她带着爱意创造的人类。传说从前有两个巨人,一个是名叫共工的水神,一个是名叫颛顼的火神,他们彼此憎恨,喜欢打架。两个巨人的争斗没完没了,直到有一天共工被重伤,在战败的愤怒中,他用自己的头去撞击那座支撑天与地的不周山,导致大山崩塌,最终天空被撕开一个大洞,大地倾斜,一切都改变了位置。

水从天空破开的洞中倾泻而下,将整个大地淹没了。就在这时,女娲听到她创造出来的人正在大声号哭。她火速赶往现场,匆忙中发现了一只巨龟,于是以巨龟的四条腿为支柱建立了四极,由此撑起了天空,稳住了大地。可是,水仍然从天空破开的洞中涌出来,女娲急中生智,杀死了一条巨大的黑龙,把它的身体塞进了洞口。但她知道这并非长久之计,于是她找来代表四极和大地的五种彩色石头——红、绿、黑、白、黄。女娲用大火熔炼了这些石头，制成了一种强力砂浆，用以修补天上的裂缝。然后，她又从水里捞出大量芦苇并用大火烧成灰，用这些灰止住了地上泛滥的洪水。当女娲完成修补工作后，地上的人安全了，大地也不再倾斜了——巨龟的四条腿稳稳地撑起了天空（图 5.1）。

图 5.1　女娲补天

资料来源：克里斯蒂·沈参考清朝石刻拓片绘图。

后来，人们将女娲尊为婚姻的鼻祖，还认为是她教会了人类如何建造水坝和灌溉渠道的，不但如此，她还发明了芦笙这一流传至今的乐器。虽然女娲的知名度在汉朝之后似乎不再那么响亮并逐渐让位于西王母，但在中国的一些地区她至今仍然受到尊敬。作为人类的创造者和拯救者，她仍然是在"人祖节"上受到祭拜的绝对主角。在祭拜仪式上，女子们唱着梦中学会的颂歌，跳起母亲教的丰收舞，献上用作护身符的泥塑（包括外阴和阴道）。女娲被视为至高无上的媒人，掌管着婚姻、丰收和生育。[1]

几乎在所有画像中，女娲都手持象征着大地的罗盘。她在补天中使用的五色石在中国通常象征着"五行"，历来被认为只要恰当均衡地将它们整合在一起就会产生特殊的能量。这五种颜色也代表罗盘的东西南北中，后来还代表整个大地和整合后的造物能量。女娲燃烧的芦苇代表水，而芦苇产生的灰烬代表火。水（阴）和火（阳）相融被视为阴阳和谐的表现。从这些具有象征意义的关联背景来看，女娲作为人类的创造者，以及秩序和完整的维持者而出现。她手拿罗盘的形象提醒我们她是如何用乌龟的四条腿建立了四极，并以这种方式维持了宇宙结构的平衡和稳定的。

在中国神话中，乌龟通常与大地以及造物之始有关。它象征着长寿、力量和坚忍，与龙、凤凰和麒麟并列为四大神兽。此外，乌龟还是宇宙的象征，它那半球形的龟壳代表天穹，腹部则代表大地。它还代表五行中的水，在神话中通常以水神、河神的随从身份出现，因此它具有多般变化的能力。自古以来，龟壳就被用于占卜，甚至有记载称，女娲的伴侣伏羲发明的"八卦"就是以龟壳上的纹路为基础的（图5.2）。

---

[1] Jordan Paper, *The Spirits Are Drunk: Comparative Approaches to Chinese Religion* (New York: SUNY Press, 1995), p. 230.

图 5.2　伏羲与宇宙

资料来源：克里斯蒂·沈参考清朝马麟画作绘图。

即使到了今天，乌龟的力量仍然渗透了中国人生活的方方面面，包括烹饪艺术、营养医学和中医治疗，而且与阴性原型息息相关。我本人就有过与乌龟有关的亲身经历，不久前我被一位中医诊断为阴虚，他给我开了含有30%乌龟成分的药片。此外还有一种药汤，必须用一只真乌龟（从中国空运来的冷冻乌龟）、人参和其他一些草药熬制而成。在中国文化中，人们很早就将乌龟与强大的"阴"联系在一起，所以西王母与这种生物有着千丝万缕的联系也就不足为奇了——她甚至被称为"龟台金母"，她所居的昆仑山又名"龟山"。

作为道教的主要女神仙，西王母是"阴"的终极表达。她的配偶"东王公"和她一样来自"道"，代表着"阳"。这两位神仙所象征的阴阳交互和平衡是道教成立以来的核心宗旨。道教在中国民间很受欢迎，它从公元前3世纪开始蓬勃发展，在公元150年由汉代哲学家张道陵正式创立，但人们普遍认为比张道陵早出生至少600年的哲学家老子才是道教真正的创始人。道教的主要经典是《道德经》和《庄子》，相传前者是老子所著，后者由庄周所著，以讽喻和寓言为主。

道教的许多哲学基础（"一阴一阳之谓道……生生之谓易"）也可以在《易经》（"天地氤氲，万物化醇。男女构精，万物化生"）中找到，它将阴和阳描述为宇宙间永恒存在并不断互相转化的双重力量。

道家认为"道"是最高秩序，是"万物之母"，并称之为"太一"，"道"是天地最初的规则，是人类存在的创造者和本源：

> 有物混成，先天地生。寂兮寥兮，独立不改，周行而不殆，可以为天下母。吾不知其名，字之曰"道"。……人法地，地法天，天法道，道法自然。……天下万物生于有，有生于无。

道，是生养万物的伟大母亲。当万物处于"生"的状态时，她保护它们；当万物生机殆尽时，她用死亡将它们召回自己身边。对于人类发展而言，她是周而复始的存在，是容纳和产生宇宙的容器，是守护、引导和渗透人类的婴儿意识。

道家追求的是返璞归真，回归人与自然和谐相处的黄金时代。他们认为，人为的社会使人与自然疏远，因此主张无为而治。有些道家弟子选择归隐不问世事，试图以打坐修行的方式与大自然的原始力量沟通。这些修行者尊崇自然和女性，因为在自然和女性的子宫里，新的生命被创造和孕育出来。他们发展出一种以《道德经》和《庄子》为本、超凡脱俗的神秘主义。有一些修道者归隐山林，尝试着以辟谷和其他修行方法获得长寿，甚至追求肉身羽化成仙；还有一些修道者希望借助各种炼丹术、房中术发现长生不老的方法。

无论用的是哪种表达方式，崇尚自然都是道家的基本准则，这导致母神崇拜或生育崇拜的形成，最终具象化为"西王母"。民间对西王母的热情从汉代开始逐渐攀升。常有人推测这是因为道家思想满足了人们内心的某种需求，而这种需求是儒家那种相当机械和现实的宇宙观所不能满足的。从这个意义上说，道家是对儒家世界观的补充，在某种程度上满足了人们的精神需求。儒家的社会和伦理体系具有阳刚、支配、专制和理性的特点，而道家强调阴柔、接纳、顺应、宽容和神秘。尽管当代汉学家告诉我们，过去这种将儒家视为阳而将道家视为阴的观点过于简单化，但从荣格的观点来看，这两种世界观确实以上述方式影响了集体无意识。

当然，西王母提供了一个强大的阴性意象。她被视为"阴"的化身，是极西之地的终极力量。她掌管着西方世界，在道教的象征系统中，她对应的是金属、秋天、白色、死亡和灵界。她在龟山的居所有时被描述为天阙，那里有5个金台和12座玉楼交相辉映，还有无数珍宝、奇石、鲜花和稀有植物，无不光彩夺目。这些植物中最珍贵的是仙草芦苇，它能自发地协调各种声音并形成"八音"。此外，西王母的居所还长有另外一种仙草，类似沼泽芦苇的芽，可以用来制造一种使死者起死回生、令生者长生不老的长生不老药，古人认为这是西王母独有的灵药。

从远古时代起，西王母的形象就反映了她所具有的强大力量。她人形虎齿，有时还有豹尾。她的宝座由虎和龙组合而成，中国人认为虎是陆地动物之王，而龙是所有水生生物的首领。这两种生物是"阴"和"阳"的典型象征，因此，龙虎合体的宝座象征着西王母具有的绝对权威和重要性——她不仅掌管"阴"，还与阴阳转化有关，具有二元性。传说中西王母同时是日和月的象征，虽然她代表着西方和死亡，但也拥有赐予万物长生不老的力量，这就是二元性的体现。根据柯素芝的说法，西王母是阴阳同体的，她独立存在且一统宇宙。

西王母与老虎的联系无处不在。后来，这种强大的动物不仅被视为她的坐骑，也是常伴其身侧的随从。老虎代表能摧毁一切的力量，是典型的阴性生物，人们认为它可以活到1000岁，500岁后就会变成白老虎。西王母的随身老虎当然是白色的，它经常以其使者的身份被派去帮助神话中的皇帝以及执行其他英勇任务。

龙是鱼、蟹等水生生物及蛇、蜥蜴等有鳞爬行动物的首领。人们相信龙变化多端且时隐时现。据说龙会在春天升到天上，到秋天则深藏水底。龙象征着风云雨雾，是大自然万象更新的原动力。它是一种神圣而仁慈的生物，一千多年来一直是中国帝王的标志。西王母以龙虎为侍从，不仅象征着对宇宙的统治，还象征着阴阳融合所带来的生生不息。从这个意义上说，她甚至可称为宇宙和谐的象征。

西王母统治地位和权威的另一个象征是她几乎总是戴在头上的头

饰"胜"（笙）。笙是一种乐器，由5种长度的17根竹管插入葫芦中而成，下端有一个吹口。据说这种乐器是女娲发明的，初衷是以此象征传说中代表祥瑞的凤凰，因为其形状很像凤尾。在中国传统中，笙是在婚礼、葬礼和皇家祭祀仪式中演奏的乐器。因为它与芦哨有关，因而也让人联想到长生不老。

根据柯素芝的说法，"胜"一直是西王母最持久的象征，看到它就不禁让人想到漫天的星星和纺织。古人很早就认为西王母掌控着所有常见的星星，也包括某些特别的星座，她最早的头饰甚至就有可能是用星星做成的。但更常见的说法是，"胜"的形状代表线轴或织布机的某个部分，表明她与纺织有关系。有趣的是，西王母与一颗被称为"织女星"的恒星（天琴座的织女星）关系密切，由此也可以看出她与星星和纺织有关。根据传说记载，织女要跨越横亘在夜空中的银河与牛郎（天鹰座的牛郎星）相会。这对恋人每年只能在被道教称为"七夕"的夜晚相会一次。所谓七夕，是指农历七月初七的夜晚，一直被道教认为是西王母的神圣之夜。七夕之夜在民间被视为佳节，是神仙相会的良辰。这一天不仅被认为是天上恋人相会的日子，也是传说中西王母造访汉武帝的纪念日，据说她在这一天赐给了汉武帝能让人长生不老的蟠桃。

在心理层面，这些罕见的会面象征着与"道"的神圣结合，也就是荣格所说的"圣婚"（hieros gamos），能带来新生与开悟。这些相会的宇宙学意义在于让我们知道，宇宙生生不息靠的就是阴阳两股力量的结合。这样的神圣结合一年会发生两次，与不同的季节相对应。

发生在农历七月初七的是夏日相会，发生在农历正月初七的是冬日相会。七月初七强调阴阳两股力量的神秘结合，正月初七则是"人日"，它是一个与西王母有关的古老祭日，人们在这一天祈求西王母赐予福泽和力量。这两个节日标志着农时进程和季节变换。人们认为西王母拥有编织天地之网、令四时更迭的能力，她还可以通过上述两个传统节日让阴阳结合，带来生命的更新。作为宇宙纺织者，她是连接天、地、人的纽带（图5.3）。

图5.3 西王母形象

资料来源：克里斯蒂·沈根据《山海经》对西王母的描述绘图，依次为骑鹤戴胜的西王母、豹尾虎齿的西王母、汉代石刻拓片中的西王母。

作为宇宙纺织者，西王母也象征着强大的治愈能力。我有一个名叫晶晶的中国女性来访者，她的亲身经历就可以佐证这一点。在治疗初期，如果让我为她选一个可以代表她的生肖，我会选白兔。在中国的传说和神话中，兔子是一种常见的动物，被认为是纯洁、柔和、温顺、驯服和多产的象征。在与西王母有关的画像中，她的脚边经常坐着两只白兔，它们勤奋地使用臼和杵，忙着把瑶池仙草捣成长生不老药。在中国传统文化中，经常把闺阁女子和兔子联系在一起，因为在世人的期望中，闺阁女子应该是安静、容忍、顺从的。这样的女子被认为是"良配"，因为她可以被打造成在家庭中遵守三从四德并努力生育的好妻子，而且完全自觉，绝不问东问西。晶晶被夫家选中正是出于这些原因。虽然在回顾这一切时她最终能够一笑泯恩仇，但这是在她熬过漫长时光终于重新与阴性原型力量连接之后才做到的——她从一只坐在西王母脚边的勤奋温顺的兔子，变成了一个强大、独立、成功的女人。

晶晶出生在中国南方一个非常贫穷的家庭，是四个孩子中的老大。从3岁起，她的母亲就经常因抑郁症住院。她一直都知道母亲的情绪状态不稳定，于是她任劳任怨地承担起繁重的家务，悉心照顾弟弟妹妹，希望能帮到母亲。看到母亲如此脆弱无助，晶晶努力地护着她。在母亲的抑郁症变得严重时，带她去医院的人总是晶晶。晶晶的父亲干活儿很卖力气，但他瞧不起自己的女儿，甚至在晶晶帮他干活儿时虐待她。

为了过上更好的生活，晶晶努力考上了大学，选的专业是计算机编程。在校园里，她遇到了后来成为她丈夫的男人，他读的是商学专业。婚后不久，晶晶的父亲就去世了，这对年轻的夫妇也移居加拿大，随行的还有她的婆婆。晶晶很快就意识到与婆婆同住是一个错误，因为这位婆婆完全拿捏住了她的丈夫，还要求这个家一切都由自己说了算。渐渐地，晶晶被家里的另外两个人当作仆人对待，他们逼着她不停地干活儿——就像一只温顺听话不断产出的兔子——为家里挣钱。就连她想在家待一段时间照顾刚出生的儿子也被他们拒绝了——在儿子出生后不久，他们就强迫她回去工作。后来，她的丈夫开始酗酒并虐待她和儿子。对于晶晶来说很不幸的是，这个家庭在华人社区中一直很孤立，过了很长时间她才能够向外界寻求帮助。直到丈夫差点打断儿子的胳膊时，她才鼓起勇气离开。但即使离开了，她也没能解决与丈夫之间的家庭纠纷，她觉得自己没有能力保护好自己和儿子。最终，她患上了严重的抑郁症。

但有一天，当经过一个露天市场时，她看到一个摊贩在兜售零碎布头和剩余的线轴——可能是某个服装厂流出的边角料。看着它们鲜艳的颜色和各种各样的花纹，她想起了自己的父亲，他的业余爱好就是收集各种线头和碎布。于是，她把线轴买了下来，回家后开始整理并把它们绾成线团。绾线这种重复性动作有一种舒缓的、安抚人心的力量，让她感受到了此生从未体验过的安宁和平静。在绾线的过程中，她想起了自己的童年以及在艰辛环境中成长所承受的痛苦。她一边绾线，一边不停地流泪。她觉得孤独是一种安慰，寂静是一种滋养。她第一次觉得与真正的自己有了连接。

晶晶不停地绾线，很快就绾好了一个线团。时间一点一滴地流逝，她不停地绾，这条线成了通往她内在灵魂的生命线，将她与内心深处的情感连接在一起，她认识到这些情感是她存在的基础。线团越来越大，时间一天天过去，她感觉自己离真正的自我越来越近了。虽然她不明白自己到底怎么了，但她并不在乎，因为尽管眼泪在不停地滑落，但她感觉好多了。随着线团越来越大，更多的记忆回到了她的脑海，童年的情景历历在目。慢慢地，她的抑郁消失了，她逐渐找回了灵魂中被遗忘的那部分，并开始真正治愈她受到的伤害。

后来，她把这些线玩出了新花样，比如将线缠绕、编织成各种好看的形状。晶晶完全没有想到，在自己这个电脑程序员的身体里一直藏着一位艺术家。目前晶晶的分析治疗仍在继续，她对自己的探索也越来越深入。每当她创作出一个新作品，她旧日的伤痕就会浅一分，她对新生活的想象也更明确一分。她创作出的新造型和编织的新东西还吸引了画廊的注意，一家知名画廊最近展出了她的作品。

晶晶的故事是一个经典案例，让我们看到了当一个女性重新与阴性原型建立连接后可以发生何等惊人的蜕变。这就好像她取下了自己脚上的裹脚布，把它展开并编织出全新的人生图案。在这个过程中，她从一只温顺的小白兔变成了一个宇宙织女，像西王母那样把命运牢牢地掌控在自己手里。

第六章

叶限：中国版灰姑娘

正如神话和传说可以帮助我们重新与阴性原型建立连接一样，童话也可以。事实上，在荣格学派心理学家眼中，童话故事是原型意象的主要来源，他们相信童话故事可以成为帮助我们理解内心情结的有力工具，还能提供线索让我们加快治愈进程。

在所有著名的童话故事中，《灰姑娘》可能是流传最广的一个，全世界有上百个版本。几乎所有版本中都有一个可爱的小女孩，她被一个邪恶的继母抚养长大。这个继母在女孩的生母去世后嫁给了她的父亲，有一个或两个恶毒的亲生女儿。故事中的父亲要么很快就死了，要么似乎完全没有注意到他的女儿受到了多么残酷的对待。灰姑娘故事中的其他常见元素包括小巧精致的脚、丢失后被找到的鞋子、盛大的舞会或其他特殊事件、会说话或具有某种特殊能力的动物、与王子或真爱成婚，以及经常出现的提供帮助的神秘人物。

尽管有证据表明，这个故事早在 16 世纪的德国就为人所知，但直到300多年后格林兄弟才真正记录下它的德语版本。与此同时，它的另一个版本在17世纪左右出现在意大利。1697年，夏尔·佩罗（Charles Perrault）把这个口口相传的故事记录下来并收录在他的《古代故事》（*Tales from Olden Times*）一书中，这本故事集后来被称为《鹅妈妈的故事》（*Stories from Mother Goose*）。佩罗给了我们一个有仙女教母、南瓜和老鼠等元素的版本。该版本的故事——尤其是经迪士尼改编和润色后——已经成为西方文化不可或缺的一部分，几乎所有人都认为这就是灰姑娘的起源。但事实并非如此。这个故事最早的书面版本来自860年左右唐朝学者段成式的笔记小说集《酉阳杂俎》，他在书中收集了民间广为流传的鬼怪故事、奇闻逸事和动植物传说。即使在当时，段成式叙述故事的方式也让人觉得这些故事已经在民间口口相传很久了。这不禁让人怀疑灰姑娘的故事很有可能起源于中国，但这一点并不确定。

不管怎么样，段成式的灰姑娘版本也包含有上面提到的所有元素，这些元素在民间故事中仍然很常见，因为它在世界各地被讲述了很长时间。出于一些原因，我们有必要好好探讨一下这个版本的灰姑娘故事。首先，即使它不是灰姑娘故事的真正原创，也算得上是最早版本中的一个，可以帮助我们更接近原始的原型能量和它的治愈能力。其次，它的意象与当代迪士尼式的概念有很大的不同，它将故事中更深层次的象征意义清晰地呈现了出来。最后，这是一个来自唐朝的故事。在这个时期，对舞者纤足的迷恋已成为一种时尚，并最终导致下一个王朝宋朝开始了真正的缠足。根据汉学家高彦颐的说法，这并非巧合。

事实上，高彦颐认为，灰姑娘的故事、恋足文化和缠足的传播之间存在着直接的关联。按照荣格理论，这是完全合理的。如果一个女子脚很小，走路摇摇晃晃，那她的立足之地就很小，阴性力量也很弱。这样的女子看上去就"身娇体弱易推倒"。高彦颐认为，"灰姑娘情结"与缠足的传播关系匪浅，虽然将两者联系起来无疑是有道理的，但灰姑娘的故事——尤其是很早就出现的中国版本——还告诉了我们更多东西，例如如何夺回我们的立足之地，如何与阴性原型力量建立连接。

在段成式记载的故事中，有位可爱的少女名叫叶限。按照段成式的说法，叶限生活在他写下她的故事的大约1000年前。叶限生活在中国的南方，那里到处都是巨大的石窟和洞穴。她的父亲姓吴，是一位洞主，被当地人称为"吴洞"。叶限聪明可爱，尤其擅长在溪中淘金，父亲因此很喜欢她。

叶限的母亲去世后，吴洞又娶了一个带着两个女儿的女人，不久后他自己也死了。父亲去世后，继母总是指使叶限去干一些危险困难的工作，比如，让她爬上陡峭的山丘去找柴火，下到深谷里去打水。有一天，叶限的生活中终于出现了一点快乐：在一条小溪里，她发现了一条小金鱼，它长着金色的眼睛和红色的胡须，只有约5厘米长。叶限把它放进盆里带回了家。可是，小金鱼每天都在长大，不久后，叶限再也找不到一个能盛下它的容器了，所以她只好把它放进屋后的池塘里。小金鱼很快就长成了长达300多厘米的大鱼。叶限每天都去看它，给它带吃的。她来的时候，金鱼会把头露出水面，游过来亲昵地靠近她，但当有其他人靠近时，它就会立刻潜入水中。

105

有一天，在叶限不知情的情况下，恶毒的继母发现了它，并决定把它做成美食。为了骗它现身，继母假装夸叶限干活儿勤快并给了她一件新衣服。然后，继母让叶限去远处的小溪打水，自己则穿上叶限换下来的旧衣服来到池塘边。当叶限的金鱼朋友把头露出水面时，继母举刀杀了它，然后把它煮熟，美美地大吃了一顿。为了不让叶限发现，继母把鱼骨头埋在了粪堆下。

叶限回来后发现金鱼朋友不见了，不由得失声痛哭。突然，一个披头散发的人从天而降，叫她不要哭了。这个人告诉叶限是她的继母把金鱼杀了，让叶限把鱼骨从粪堆下拿出来藏在房间里，并解释说这些鱼骨有很大的法力，会对她有求必应。

到了过"洞节"的时候，这一天继母带着自己的女儿去参加庆祝活动，却让叶限待在家里打理园子，哪儿也不许去。等继母带着她的两个女儿走远后，叶限就让鱼骨头给她准备一身过节穿的衣服。话音刚落，一身漂亮的玉绿色绸衣和一双金鞋就凭空出现在她面前。叶限穿上后也去参加庆祝活动，但不巧被她的一个继妹看见了，继妹指着她对继母说那个穿着玉绿色衣服的漂亮女孩很像叶限。叶限急忙离开，仓促中掉了一只金鞋。继母回到家，看见叶限在院里打瞌睡，也就打消了疑虑。

后来，这只鞋落到了一些洞人手里，他们把它卖给了邻近岛屿的国王。国王让领地内的所有女人都来试穿这只鞋，但发现即使是最小的脚，也比这只鞋多出了一寸。国王还注意到这只鞋出奇地轻，踩在石子路上无声无息，不像其他鞋子那样多少都会发出一些声音。他对这只鞋的来历产生了怀疑,于是把卖鞋的洞人关进监狱严刑拷问,直到确信他们也不知道这只鞋是谁的。不过,他们告诉了国王他们发现鞋子的地方,于是国王立即派他的随从去那个地区搜查。

在把周围的住户都搜了个遍依然一无所获后,国王注意到了附近的吴家。最终,叶限被找了出来,国王命令她试穿这只鞋,立刻就确定她就是自己一直苦苦寻觅的人。此时的叶限脚上穿着亮丽的金鞋,身着玉绿色的华服,步履轻盈地向国王走来。随后,叶限带着珍贵的鱼骨随国王而去。

他们离开后,洞中的岩石滚落下来,将恶毒的继母和她的两个女儿一起砸死了。当地洞人怜悯她们,张罗着将她们下了葬。这个埋骨之地后来被人称为"懊女冢",只要洞人到那里去求告,就会得到回应。

回到自己的岛国后,国王立叶限为王后,同时也贪婪地向鱼骨乞讨财富。鱼骨一开始有求必应,但一年之后就不再灵验了。于是,国王把鱼骨埋在海边,在上面覆盖了百斛珍珠,并用黄金在墓地周围设立了边界。后来,这个岛国发生了一场反对国王的兵变,那些珍珠和黄金被悉数用来安抚叛军,这个埋骨之地也被海浪冲得无影无踪……

虽然所有经典的灰姑娘故事元素在这个故事中都很明显,但不难看出它与我们熟悉的西方版本有一些重大差异。[①] 在上述故事中,自从被立为王后,叶限就音讯全无,我们也不知道她在军队叛乱后遭遇

[①] Marie-Louise von Franz, *The Interpretation of Fairy Tales* (Houston, TX: Spring Publications, 1970), p.29.

了什么。这意味着我们熟悉的"从此幸福快乐地生活在一起"的完美结局不见了。另一个不同之处在于，故事中的国王非常贪婪和残酷，并不是西方灰姑娘最终赢得的白马王子。这些差异最吸引人的一点是，它们有力地支持了女权主义者几十年来对迪士尼版灰姑娘的批评。也就是说，我们不应该教育女儿"得到王子"就会让她们幸福，这甚至不一定是件好事。持这种观点的人一直在告诉我们，灰姑娘真正需要的是自力更生，或许这就是故事想告诉我们的——至少是其中一层意义。用荣格学派的话来说，灰姑娘需要重新获得其积极的阴性立足点，重新与大地母亲建立连接。

正如玛丽-路易丝·冯·弗朗茨在其经典著作《童话故事解读》中指出的那样，我们可以通过多种不同的方式、在多种不同的层面解读民间故事。但无论如何，它们的核心都充满原型内容。和所有经典的灰姑娘故事一样，段成式的这个故事一出场就有四个女性角色，男性角色要么不存在，要么无足轻重。在这些女性角色中，只有一个角色是不邪恶的，可她是软弱的，完全被邪恶的人控制。这从一开始就告诉我们，在最原始的层面，它讲的是阴性原型出了问题。对于我们每个人来说，要想获得心灵的完整，就需要让内在的阴阳两股能量和谐共存并保持平衡，而这个故事要说的就是，在阴性能量失衡的状态下（过度发展、扭曲或兼而有之）会发生什么。此外，它也给了我们一些提示，告诉我们该如何解决这些问题，让内在心灵重获和谐与平衡。

从另外一个角度看，灰姑娘的故事也是关于丧失和遗弃的。不管是在最著名的西方版本中，还是在中国版本中，灰姑娘都父母双亡，都丢失了她珍贵的鞋子，还在获得短暂的荣耀之后失去了有法力的动物朋友，就连她在盛会上穿的漂亮衣服也失去了。不过，这也是一个关于救赎的故事——找到并收回她所失去的东西。

从这个角度来看叶限的故事，我们就会注意到一个极其重要的事实。从故事一开始我们就被告知，叶限不仅聪明伶俐，还擅长淘金。淘金是一个从河流和小溪的沉积物中提取金沙和金块的过程。由于水通常象征着无意识、感受以及直觉，因此这无疑是在告诉我们叶限有能力深入内心并找到隐藏在那里的金块。值得注意的是，她的父亲——代表正面的阳性能量——因为这些特点而爱她并欣赏她。当然，这些建立在直觉、本能、感受性之上的能力与正面的阴性能量有关。只要叶限被置于负面阴性能量的影响之下，这些本能就会受到压抑，恶毒继母就能控制和折磨她，让她不得不去做那些危险而艰巨的事情。但叶限并没有完全被打败——她在小溪里发现了长着金眼红须的美丽金鱼，而这种鱼自古以来就是多产和再生能力的象征，并与送子观音有着千丝万缕的联系。[1] 就这样，叶限开始与大地母亲的自然元素建立连接。这意味着她有可能产生蜕变，有可能重建她与阴性原型断开的连接。当金鱼在她的呵护下从 5 厘米长到 300 多厘米时，我们就知道她走对了路！当然，当它长到这么大的时候，代表负面阴性能量的继母意识到了危险。继母知道，如果放任叶限与阴性原型的连接变得越

---

[1] Jean C. Cooper, *An Illustrated Encyclopedia of Traditional Symbols* (London:Thames and Hudson, 1982), p.68.

来越强，自己不会有什么好结局，于是她迅速行动将金鱼杀害了。当叶限发现自己失去的是什么时直接崩溃了。但是，她并没有完全失去那条金鱼，这时一个披头散发的人及时出现了，这个意象象征着野性和自然主义元素，也就是说，她再次与阴性本质建立了连接。这个人告诉她，如果去翻粪堆，她就能找到金鱼的骨头，这意味着她可以重新与永恒的阴性本质建立连接。粪堆代表我们自己的负面因素，在通往完整性的旅程中，我们必须探索和面对它们。叶限按照这个人说的去做了，结果发现了宝藏。她把宝藏掩盖起来，不让继母发现，这意味着她把所有财富——所有的潜力和可能性——都隐藏起来了。在举行盛会的那一天，长期被打压的叶限终于爆发了。她身着玉绿色的丝绸衣裙，脚上穿着亮丽的金鞋，冒险去参加盛会。但是，她是乔装打扮后才敢去的。她虽然已经接近阴性本质了，但毕竟没有完全恢复，所以当她把金鞋弄丢时，其阴性本质也再次失去了。在把金鞋找回来之前，她又回到了原点：与阴性原型断开了连接，被负面、扭曲的阴性能量所控制。

但阴性原型的力量不可能永远被压制。当叶限找到丢失的金鞋，身穿象征着永恒的玉和金制成的衣物，以真面目光彩照人地现身时，意味着其阴性原型的力量开始崛起。叶限被封为尊贵的王后，重新与阳性能量连接，内在的阴阳力量进入平衡状态。西方版本的灰姑娘故事到此就结束了，而叶限的故事还在继续，让我们看到一个非常重要的事实：叶限找到的国王并没有那么高贵。他不仅把洞人关进监狱严刑拷打，而且当他拿到叶限的鱼骨（象征着来自神灵和自然的阴性力量）后就变得无比贪婪，并且开始滥用它，因此失去了鱼骨赐予的法力。而幸运的是，他随后救赎了自己。在看到自己因胡作非为而失去了什么时，他给予了鱼骨应有的尊重。他把鱼骨埋在海边，这是它们的天然家园。他用百斛珍珠将鱼骨掩埋，用黄金在其周围设立边界。因此，在中国版的灰姑娘故事中，阴性原型和阳性原型都得到了救赎。

需要着重指出的是，直到找回并穿上丢失的金鞋，叶限才能展现真正的自我。虽然西方和中国版本的故事都是如此，但中国版本告诉了我们更多细节，因此我们能从中领会到更多真谛。叶限的鞋是金子做的，正如我们在分析"金莲"时说过的，黄金象征着所有纯洁、强大和贵重的东西。所以，国王一看到这只鞋子就注意到了它的特别和神奇。叶限的金鞋不像普通鞋子那样厚重，它们像羽毛一样轻巧飘逸，却结实得不可思议。按照故事中的说法，当穿着这双鞋子行走在石子路上时，它们落地无声且不会磨损。显然，这是一双神奇的鞋子，正是叶限所需要的。她的脚可能很小，但它们是她的立足点，她通过它们接触大地母亲，是她必须好好保护的东西。而且，鞋子自古以来就象征着自由和自主。从古至今，当人们被剥夺自由沦为奴隶时，他们的鞋子会立即被人拿走。有鞋子的人才有自主权，才有底气在大地上自由行走——不管在哪里，不管是什么天气。因此，当叶限重新拿回她的金鞋时，就意味着她的"立足点"得到了保护。当内在的阴阳两股能量处于和谐平衡的状态时，她才能够用真实面目示人，去寻找内心的完整和圆满。

作为从业多年的荣格学派分析师，我接触过许多不得不在"恶毒的继母"手下讨生活的"灰姑娘"。这些女性都被一种遗弃感折磨着——那个正面的母亲不要她们了，将她们留给了一个负面的母亲。这个与负面母亲相关的原型意象经常出现在童话故事中，要么是恶毒的继母，要么是邪恶的女巫，所以荣格学派经常将其简称为"巫婆母亲"（Witch Mother）。就我们在整本书中一直使用的缠足隐喻而言，它指的是那种毫无仁慈或同情地将女儿的双脚狠狠缠起来的母亲——她心甘情愿地剥夺女儿的阴性立足点，切断她与大地母亲的连接。当然，可悲的是，这个负面母亲对待女儿的方式，通常也是她自己从前被对待的方式。因为受过母亲的折磨，所以她也要折磨自己的女儿。这种恶性循环会一直持续，除非其中一个女儿——灰姑娘——能想办法从无意识中那冰冷、黑暗、布满灰烬的炉灶边挣扎着站起来，重新与正面的阴性力量建立连接，清醒地意识到自己的处境。

从一位名叫艾米的来访者身上，我们可以清楚地看到这个过程是如何发生的，以及女性怎样做才能自我救赎。接待艾米的时候我还住在瑞士。她是一个美国人，在欧洲旅行时遇到了一个德国男人，很快就与之坠入爱河并嫁给了他。艾米第一次来见我时，她的女儿刚满1岁，她和丈夫住在瑞士边境附近的一个德国城市。无论是在欧洲的生活，还是她的婚姻，都没有她设想的那样美好。她的丈夫是一位白领，在当时的她眼中，这个男人不但极其无聊沉闷，经济上也负担不起她想要的旅行和学习。虽然艾米正在通过函授攻读美国一所大学的文学学士学位，但要完成学业很困难。家里乱糟糟的，她也不知道该如何照顾年幼的女儿，所以把她送去了全日制托儿所。再加上婆婆总是对她的生活指手画脚，更是给她的混乱处境雪上加霜。她的婆婆为人跋扈、爱挑剔，而且无法接受儿子娶了一个外国人。当我遇到艾米的时候，她正深陷抑郁中，经常控制不住地哭泣。她感觉自己被困在了婚姻的牢笼里，孤独无助、孤立无援，觉得自己一无是处。

艾米第一次来找我时，看到她我就不禁想起了灰姑娘，至少和这个经典的德国童话故事的开头很像——她坐在冰冷的炉灶边，身上沾满灰烬，为自己悲惨的处境而哭泣。这并不是说艾米没有真正需要克服的困难和挑战。很明显，她的童年过得非常艰难，所以也难怪她为自己找了一个英俊的"王子"，以为他会为自己创造幸福的生活。虽然艾米在接受分析的头几个月里经常哭泣并抱怨自己的困境，但至少她有勇气开始这段旅程，所以不久之后，她就像灰姑娘一样找到了一条出路，逃离了她心目中的牢笼。

在整个治疗过程中，最重要的转折点之一是她做了下面的梦，而我肯定这并非巧合：

> 我梦见自己在一个聚会上，大家正在玩一种儿童游戏，每个人都可以从一个容器中挑选奖品。我挑了两本小书，其中一本是《灰姑娘》。我感到既尴尬又惊讶，原来我的人生居然可以用灰姑娘的故事来总结。

当她明白这是一个关于"遗弃"的主题时，她对自己的人生有了更全面的理解。在艾米5岁之前，她一直由一个姨妈抚养。等母亲终于把她带回家后，她经常受到精神和身体上的虐待。酗酒和醉后发疯打人是这个家的常态。艾米还记得有好几次她躲在壁橱里，哭着一遍又一遍地告诉自己"这不是真的，这只是一个梦"。有意思的是，她记得自己在壁橱里打开盒式录音机，听着迪士尼动画片《灰姑娘》中的音乐来安慰自己。虽然随着艾米逐渐长大，身体上的虐待停止了，但精神上的虐待仍在继续。艾米15岁的时候，她的母亲决定重返大学校园。直到这时，母亲仍会时不时地惩罚她，每一次禁足都长达3个月之久。在禁足的这段时间内，艾米被关在家里帮母亲干家务活儿以及打理其他事务，例如，帮母亲打印学期论文。在此期间，儿时照顾她的那位姨妈——也是她生命中唯一的正面母亲形象——不幸死于癌症。

就像灰姑娘和叶限一样，艾米没有从父亲那里得到过任何支持。他是个酒鬼，一喝醉就有暴力倾向。在情感上他和家人也很疏离，大部分时间都花在工作上。艾米觉得他非常自私，以自我为中心。尽管他是一名银行经理，赚的钱不少，但他拒绝资助孩子们上大学，告诉他们必须自己努力。在做了灰姑娘的梦后不久，艾米逐渐理解了这段心灵探索之旅的真正意义。她开始意识到，这不是一场迪士尼式的奇幻游戏，而是一段原型探索之旅。她不得不和叶限一样艰难地进入深谷，潜入更深的水域。她还意识到，如果她想和自己的"王子"幸福地生活在一起，就必须改善自己与内在阳性面（她的阿尼姆斯）的关系。作为这段旅程的第一步，她开始探索自己与生活中重要男性（也就是她的父亲和丈夫）的关系。尤其值得一提的是，她意识到她必须接受这样一个事实——在她的人生故事里，"父亲"一开始就不在。

她的本能和直觉告诉她需要去探索生命中的这个领域，这表明艾米已经开始深入无意识之河去寻找她的"金鱼"。这种整合后的直觉天性使她能够以新的方式去审视父亲的人生。于是，艾米明白了父亲缺席的原因——他自己在很小的时候就被"抛弃"了。认识到这一点对于艾米来说非常重要。事实上，艾米的父亲在5岁时就成了孤儿，之后他就在几个不同的家庭间辗转，直到7岁时被人扔到他哥哥的门口。随着艾米对父亲的理解、同情和宽恕与日俱增，她开始整合自己内心的阳性能量。毫无意外地，她对丈夫的态度也在此过程中发生了改变。

随着分析治疗的推进，效果也随之出现，其中一个有趣的效果是：她反复做的一个梦逐渐消失了，在这个梦中她总是被一个持枪的暴力男子追逐、威胁和袭击。不但如此，她开始做一些丈夫以正面形象出现的梦。在其中一个梦中，她悬挂在高高的谷仓上，双手绝望地抓着窗台，而她的丈夫正站在下面。她尖叫着说自己快撑不住了，马上就要掉下去了，这时她的丈夫勇敢地举起了手中的篮子准备接住她。随着艾米对丈夫的态度不断转变，她逐渐能够客观地看待他，不再把他当作通往幻想天堂的垫脚石。她开始欣赏他，承认他是一个真诚、正直、可靠、勤恳工作以养家糊口的男人。

当艾米从心理治疗和丈夫那里感受到包容和支持时，她就有了底气去进行更艰苦的探索，去审视那个给她带来巨大阴影的负面母亲，并在更深层次上重新与阴性原型建立连接。此时的她和叶限一样，允许自己的小金鱼从 5 厘米长到 300 多厘米。艾米逐渐能够冷静地去探究母亲的人生，尝试从母亲的角度去看待生活中发生的一切，也慢慢理解了母亲为什么做不到好好养孩子——因为母亲自己的生活就一塌糊涂。母亲 16 岁结婚，17 岁就有了孩子。不到一年，她的丈夫就去世了。18 岁时她再婚了，之后不久艾米就出生了。在接下来的 5 年里，她又生了 3 个孩子，然后精神崩溃了。在理解了母亲所经历的一切后，艾米就很少做与母亲发生激烈争吵和冲突的梦了。与此同时，艾米处理婆媳矛盾的能力也增强了。

当然，和所有进入深层分析的人一样，在此过程中艾米也遇到了一些挫折。在她的内心中，那个"恶毒继母（'巫婆母亲'情结）"不断地反扑，试图杀死她的"金鱼"。与阴性原型的连接被切断后，艾米必须努力把它找回来。为了重新与"鱼的本质元素（它的骨头）"建立连接，艾米不得不像叶限一样对"粪堆"进行深度挖掘以找到它们。艾米不久之后做的一个梦明确地告诉了她这一点。在梦中，她和一个女人在一起，那个女人抱着一个异常小的婴儿。当艾米站在那个女人身后时，她重新体验到了怀孕时与宇宙融为一体的奇妙感觉。她突然意识到那个女人一定又怀孕了。然后，这个女人要了一杯水，但抱怨说水很苦。一位护士告诉她，女人怀孕期间总有一段时间会觉得水是苦的。

这是一个迹象，表明艾米是时候面对一些苦涩的真相了——对自己的不幸经历，她应该承担部分责任。这是一个"粪堆"，她必须仔细扒开才能找到那些"神奇的骨头"。对于艾米来说，她要检讨自己怨天尤人的不成熟行为，正视自己把问题归咎于丈夫的逃避态度，以及对生孩子这件事的无意识的怨恨。尤其要指出的是，她需要对把孩子送到全日制托儿所的行为进行反思，因为她送走孩子并不是出于现实需要，而是因为她不知道怎么做一位母亲。慢慢地，艾米开始意识到她一直在怨恨女儿，恨她过着自己"没有活过"的生活，这和当年她母亲的做法如出一辙。此外，当意识到自己在抚养孩子方面的无能是童年经历造成的，她就有了解决这个问题的信心。她决心要做一个更好的母亲，所以把女儿从托儿所接回了家。

现在艾米"手里拿着神奇的鱼骨"，她可以"潜"得更深了，在最基本的层面重新与阴性本质建立了连接。在此之前，艾米一直反复做着丢失女儿的梦——她把女儿丢在树林里、餐馆里、汽车旅馆里，以及其他各种各样的地方。现在这些梦消失了。

在接受分析的最后几个月里，艾米做了更多具有强大转化性质的梦，这些梦显示了她与阴性原型的连接。在其中一个梦境里，艾米发现自己身处一个精致的房间里，那里正在举行某个会议。刚开始的时候，她看起来更像一个男人。她带着枪，随时准备射击。后来她闯入一个私人接待室，看到一些男人在里面，他们是她的同事。他们也举着枪，她知道如果自己开枪的话，他们也会开枪。接着她的丈夫走进房间，向她走来。

> 突然间，我的枪熄火了。我变得更像一个女人，我的枪变成了一种阴性能量。令人惊奇的是，其他人的枪也发生了

同样的变化。我们围成一个圈，将那群开会的人团团包围，在我们中间产生了一种属于女性的强烈的阴柔感、一种互相了解和惺惺相惜的温暖感觉。

在治疗过程中，艾米梦到一个拿着枪的男人，这在某种程度上象征着她对父亲和"阳具母亲"（phallic mother）——具有攻击性和其他负面的"男性化"特征的母亲——的负面体验。这个阳具母亲就是所有灰姑娘故事中的恶毒继母。梦境中枪的负能量瓦解了，表明艾米已经整合了正面的阳性能量，"恶毒继母"失去了对她的控制权，她能够在更深层次上与阴性原型建立连接。

另一个更美丽的梦也证明了这一点。在梦中，艾米在意大利一座美丽的大教堂里。她觉得别人都在看着她，因为她的行为不规范，但这并没阻止她去做自己想做的事。

> 我想点一支蜡烛，于是拿起一支蜡烛并点燃了。然后，我开始寻找《圣母和圣婴图》（the Madonna and Child），想把蜡烛放在它下面。我找到了，但我决定把蜡烛放在祭坛上一盏蓝色的防风灯下面。

这个梦的片段显示了她对阴性原型和母性的深刻理解。来自负面母亲的能量一旦被释放，她内在的阴性能量就可以自由地发展了。不久之后，艾米发现自己又怀孕了。与此同时，艾米感觉自己更坚强了，活得更踏实了。随着治疗的推进，她处理家务时更井井有条了，也更善于做时间管理了。她把女儿照顾得很好，顺利完成了学业，还生下了一个儿子。

她的转变让丈夫感受到了包容和支持，这让他有了更多的底气去努力上进，最终在事业上取得了成功。后来艾米在家创业，并因她对社区的贡献获得了很多赞誉，甚至因为家庭事业两不误而被媒体报道。她梦想中的与王子的婚姻变成了一个真实的灰姑娘故事，在这个故事中，艾米既能与正面的阳性能量连接，又能深入到内心深处找到阴性原型。

艾米以及我在工作中遇到的其他灰姑娘的故事激励着我，让我去寻找更多关于这个主题的中国童话故事。在我找到的故事中，有一个似乎是较为现代的版本。虽然它是在1936年被记录下来的，但它确切的起源时间不得而知。① 它就像世界上其他灰姑娘的故事一样包含所有的经典元素，但也有许多非常值得研究的独特之处。在这个故事中，我们的灰姑娘角色被称为"小美"。故事中从没提到小美的父亲，她和恶毒继母以及继母的女儿住在一起。这个继母的女儿被宠坏了，也非常恶毒。而且，就像许多童话故事中的那样，她内在的坏生动地体现在了她的外表上：她丑得无以言表，人送外号"麻子脸"。

小美的母亲死后变成了一头黄色母牛，但小美显然对此一无所知。黄牛被养在屋后，小美非常喜欢它。但继母却很讨厌这头牛，于是想

---

① Arthur Waley, "The Chinese Cinderella Story", in *Folklore* (1947), pp.226-238.

方设法虐待它。一天晚上,继母决定带她的女儿去看戏,却不准小美同行。但继母告诉小美,如果小美能整理好一大堆乱麻,第二天晚上就带她去。这是一个不可能完成的任务,小美急得哭了起来,只好去找黄牛帮忙。黄牛神奇地帮她把乱麻整理好了。第二天晚上,继母仍然带着自己的女儿去看戏,并告诉小美,如果她能将一大堆混在一起的豆子和芝麻分拣好,第二天晚上就带她去。小美试着把这堆种子一颗一颗地分类,但实在是太难了,所以她又去黄牛那里求助。黄牛责怪她为什么没想到用风扇把芝麻扇出来。于是,小美用风扇把芝麻从豆子里扇出来并归成单独的一堆。继母回家时看到分得清清楚楚的芝麻和豆子,意识到再也没有理由不带小美去看戏了。恼羞成怒之下,继母忍不住破口大骂,说像她这样低贱的丫头不可能完成这样的任务,逼问小美是谁帮助了她。小美说是黄牛,继母一怒之下把黄牛宰了,还做成美食吃掉了。小美悲痛欲绝,她把黄牛的骨头收了起来,藏在卧室的一个陶罐里。

日子一天天过去了,继母还是不带小美去看戏。终于有一天,小美忍无可忍,她气得在房间里一通乱砸,就连收藏黄牛骨头的罐子都被打破了。突然一声巨响,罐子旁凭空出现了一匹白马、一件新衣服和一双漂亮的绣花鞋。小美被惊呆了,缓过神后,她穿上了新衣服和新鞋子,跳上那匹白马沿着大路向前飞驰而去。正当她急着赶路的时候,脚上的一只绣花鞋掉了。小美没办法跳下马,一时不知如何是好。这时有三个商人一个接一个地走了过来,说只要小美愿意嫁给他们中的一个,那个人就可以帮她捡回这只鞋子。小美一一拒绝,然后一个英俊的书生出现了。书生也提出用鞋子来换她嫁给他,这次小美同意了。

两人成婚三天后,按照习俗回了小美的娘家。继母和妹妹虚情假意地款待小美,恳求她留下来住几天。信以为真的小美同意了。小美的丈夫一走,她的继妹就蛊惑她去看后院的深井,趁机把她推了进去。小美就这样被淹死了,当她的丈夫来接她回家时,被告知她生病了。几天后,继妹通过花言巧语说服小美的丈夫相信她就是他心爱的小美,看起来不一样是因为大病了一场。书生把这个恶毒的继妹带回了家。就在这时,小美变成一只麻雀回来了,站在书生的窗户外偷偷地看他。书生怀疑这只麻雀可能才是真正的小美,就把它带进屋当宠物养。恶毒的继妹当然又把变成麻雀的小美杀了。但小美再次回来了,这回她变成了后院的一根竹子。继妹把这根竹子砍倒做成了一张床。书生在床上睡得很舒服,但继妹一躺上去就觉得有针在扎她,于是她就把床扔了。

隔壁的老婆婆把这张床捡回家,在上面睡得很香。在接下来的几天里,她发现每天都有人早早地为她做好了早餐。老婆婆虽然很高兴,但又有点不敢相信。于是,隔天早上她早早地就躲在厨房守株待兔。当她看到有一团黑影在那里做饭时,立即冲出来一把抓住了它。小美的鬼魂对老婆婆和盘托出了一切。在老婆婆的帮助下,小美恢复了原来的肉身并成功地让丈夫相信她还活着。书生大喜过望,两人终于团聚了。

这版灰姑娘的故事最有价值的一点是,它强调在复原过程中,"新我"只有在"旧我"死去之后才会诞生,而这是其他大多数版本都没有的。

从我的一位名叫埃莉诺的来访者身上，我们可以清楚地看到这一点。只要对埃莉诺的人生稍作了解就会忍不住感叹，这不就是现实版的灰姑娘吗？埃莉诺的父亲在她很小的时候就去世了，她是在贫困中长大的。她通过努力读完了大学，然后遇到了一个男人，这个男人可能是北美社会中最接近"白马王子"原型的人：英俊，富有，在政治上也很有权势。埃莉诺嫁给了他，婚后生活美满，她在事业上也小有成就，成了名人。

但在60多岁的时候，埃莉诺不得不开始接受分析治疗。尽管看起来她已经拥有了一切——财富、权力、影响力、声望，还有可爱的孙子孙女——但她的内心充满了巨大的悲伤和深深的无力感。第一次治疗后的晚上，她做了一个梦。

> 我赤裸的双脚脱离了身体，飘浮在一个白色的方形信封旁边。信封上没有收信人的任何信息。我打开它，发现这是一封正式的邀请函，但我一个字也看不懂……

在分析梦境中双脚脱离身体的情形时，埃莉诺认为这是在告诉她自己"失去了立足点"。邀请函是邀请她开始精神探索，将她与她所说的"存在基础"重新连接起来。按照她的说法：

> 这封邀请函让我意识到，原本好好的双脚离我而去了，这让我无比痛苦。我被父权收买了……直到现在，我才意识

到自己是多么怀念过世的父亲,"父亲情结"对我的人生选择产生了莫大的影响,还影响了我与夫家的相处模式,与我经历的精神危机也脱不了干系……

在整个婚姻生活中,埃莉诺不仅完全按照丈夫希望的方式做事,还按照婆婆制定的严格标准生活。作为这个有钱有势的家庭中说一不二的女家长,埃莉诺的婆婆称得上是一个"暴君"。在埃莉诺的记忆中,自从结婚后,她几乎每天都在想方设法地让婆婆满意,对婆婆是百依百顺。在一次治疗性会谈中,当埃莉诺和我聊起她那位暴虐的婆婆时,我不由自主地脱口而出:"你被缠足了!你简直就像活在百年前的中国!"然后,我和她分享了一些关于缠足习俗的信息,还告诉她有的恶婆婆会强迫新媳妇重新缠足,只因为嫌新媳妇的脚不够小。埃莉诺立刻心领神会,认识到了自己是如何在心理上被裹成小脚的,也认识到这与她需要回到"存在基础"有何关系,换句话说,就是她需要重新与大地母亲和阴性原型建立连接。事实证明,埃莉诺早就在不知不觉中意识到了这一点。在下一次会谈时,她带来了一首3年前写的诗:

我穿着借来的鹿皮鞋走路,

这样

就不会惊醒

帐篷里的战士。

我穿着借来的鹿皮鞋走路
因为
我很害怕。
害怕在森林的地面上
留下足迹。

我的足迹！
与别人都不一样！
我抵赖不了！

我想光着双脚
在地上翩翩起舞，
用脚掌拍打坚实的大地
与来自古老梦中的节奏
遥遥呼应。

但我很害怕。
我穿着借来的鹿皮鞋走路
这样就能走得无声无息，
无人知晓
我在这里。

这首诗喊出了埃莉诺多年来无法表达真实自我的痛苦，她对强大的负面阳性能量的恐惧迫使她掩饰自己独特的足迹，使她无法在大地母亲身上恣意地跳舞。套用灰姑娘故事中的说法，埃莉诺需要脱掉借来的鹿皮鞋，穿上属于自己的华丽金鞋。在所有版本的灰姑娘故事中，这双鞋子除了灰姑娘谁也穿不了，而埃莉诺要做的就是穿上这双专属于她的鞋子。她需要展示真实的自己。但在此之前，埃莉诺必须想办法杀死那个虚假的自我。不幸的是，埃莉诺在丈夫和婆婆面前扮演的一直都是端庄得休、不越雷池半步的社交贵妇，这个形象与那个在坚实的地面上纵情跳舞的女人截然相反，因此，要彻底除掉那个虚假的自我需要付出极大的努力。这就是为什么在小美的故事中她死了不止一次，而是整整三次！小美的故事告诉我们，为了转化和重生，我们常常必须经历心理上的死亡，有时不止一次。

埃莉诺也意识到了这一点。和小美一样，她在某个直觉层面上与老婆婆所代表的古老的阴性智慧有连接。这种本能的认知来自埃莉诺的无意识深处，在她的另一首诗中得到了表达。诗的开头部分哀悼了一位刚去世的朋友，但很快就转为埃莉诺的内心独白，她意识到自己身上的某种东西也需要死去。在这首诗中，埃莉诺为自己"迷失的自我"呐喊：

当我为友人而哭泣
哭的
是迷失的自我

是那曾经存在

又从未存在的自己

深吸一口气,把悲伤咽下去

让它充斥我全身的每一个细胞。

毁灭吧!

我的细胞反抗了!

埋葬曾经存在的我!

释放未曾存在的我!

但要温柔地

让曾经存在的我

入土为安

将坟头上长出的

花花草草

轻轻摘下

它们会提醒我

无论将来变成什么样

都要善待自己

她将变得完整

但还需要时间

回首时她不会后悔

对未来也没有期待

她只会

惊叹过往成长的秘密

知道未来成长将会继续

值得注意的是,埃莉诺将这首诗命名为《生命的邀请》(*An Invitation to Life*)。当埃莉诺用"积极想象"(active imagination)的方法分析这首诗时,她的脑海中浮现出一个年仅3岁、赤脚穿着一件棕色连衣裙的自我形象。她对这个孩子的称呼是"迪尔德丽"(Deirdre)。尽管埃莉诺当时并没有意识到,但迪尔德丽是凯尔特民族的一位女神,她的故事可以追溯到公元1世纪的爱尔兰。这个词的原意是"制造麻烦的人"。迪尔德丽女神是浪漫主义和神秘主义的化身,代表蔑视传统习俗和社会秩序的强烈欲望和率性爱情。迪尔德丽离经叛道,被视为充满危险必须压制的人物。因此,迪尔德丽是那些被父权恐惧和排斥的阴性元素的人格化。埃莉诺很快就意识到,迪尔德丽代表她为融入丈夫和婆婆的世界而压抑的强大的阴性自我。

每当埃莉诺用"积极想象"的方法探索迪尔德丽的意象时,一匹美丽的白色野马就会出现在她的脑海里。白马与母亲原型有关,象征着本能和精神能量。有趣的是，虽然埃莉诺并不知道，但根据荣格的说法，凯尔特的创造力女神经常以一匹白色母马的形象出现。不久之后，埃莉诺在一首诗中表达了这种意象的力量。这首诗写的是一匹野性未驯的白马，它在野地里自由地奔跑，完全活在当下。在诗中，埃莉诺称之为"真正的我，我那如白色野马一般的真正面目"。

在小美和埃莉诺的故事中都出现了白马，显然这并非巧合。只有当小美表达出自己真实的感受并宣泄愤怒时，新衣服和新鞋子——代表新的人格面具——以及白马才破罐而出。同样地，在寻找真实自我的过程中，埃莉诺也必须将本性中那充满激情、属于迪尔德丽的一面表达出来——她必须让自己去感受和表达多年来一直被压抑的愤怒和挫败感。

在接下来的分析过程中，埃莉诺越来越多地触摸到了自己的真实情感和真实自我。内在探索的结果也以多种方式在埃莉诺的外在生活中表现出来。这种新的态度使她与成年子女和孙辈的关系变得前所未有地亲密。她开始学会欣赏这段婚姻的好处，尤其是丈夫的忠诚和他多年来对自己的支持。正是通过这些方式，白马的精神一直活跃在埃莉诺身上，并继续通过她的梦、她写的诗以及她有意营造的关系表达出来。在转变的过程中，她获得的阴性智慧让她的生活变得更平和了，也让她周围的人际关系变得更加和谐了。

第七章

秋瑾：被砍头的烈士

初识秋瑾的时候我大概8岁，正在念小学三年级。我还记得梅老师给我们讲秋瑾的故事时，教室里有一种死一般的沉默。[1]秋瑾生于1875年，她生活在一个充满动荡的时代，当时中国的最后一个封建王朝正在走向衰落，与外国列强的战争正在削弱中国本就羸弱的国力，年轻的革命者正在努力建立第一个共和制的中国。虽然秋瑾短暂的人生如惊鸿一现，但在这些革命者中，她是最具激情和影响力的人物之一。也正因如此，秋瑾31岁时被苟延残喘的清政府斩首示众。她生前

---

[1] Mary B. Rankin, "The Emergence of Women at the End of the Ch´ing: The Case of Chiu Chin", in *Women in Chinese Society*, Wolf, Margery and Witke, Roxane, eds., (Stanford, CA:Stanford University Press, 1975), pp.39-66; Florence Ayscough, *Chinese Women,Yesterday and Today* (Boston,MA: Houghton Mifflin, 1937), pp.135-177; Chiu Chin, *Chiu Chin Chi (The Collected Works of Chiu Chin)* (Shanghai: Chung Wah Publishing, 1960); ChiuTsan-chih, *Chiu Chin Ko Ming Chuan (A Revolutionary Biography of Chiu Chin)* (Taiwan: San Ming, 1963); Guo Yanli, *Qiu Jin shi wen xuan (Selected Works of Chiu Chin)* (Beijing: People´s Literary Publishing, 1982); Guo Yanli, Yanli *Qiu Jin wen xue lun gao (Literary Discussions on Chiu Chin)* (Xi´an: People´s Publishing, 1987).

为女性、穷人和受压迫者的权利而英勇斗争。梅老师向我们解释说，她是一名烈士，是女英雄。虽然年幼的我们还无法理解整个故事——更不用说她的牺牲在社会和心理层面具有的意义了——但所有人都沉默不语，有些同学甚至流下了眼泪，她的故事深深地烙印在我们幼小的心灵里。

在接触心理分析后不久，我做了一个梦，它让我想起了秋瑾的故事，也想起了小学时那不寻常的一天：

> 我遇见一个和我长得很像的中国女人。我问她要去哪里，她告诉我她要去健身房，还给我看了看她手里拿着的一个布袋，这个布袋是用淡蓝色的罗兰爱思（Laura Ashley）印花棉布缝制的。她说她要把自己的头砍下来，然后装在这个布袋里。

我对这个梦感到困惑，花了很长时间去思考为什么我主观上认为需要把自己的头砍掉。于是，我开始研究砍头这一主题，发现砍头在很长时间都是古代中国刑罚制度中对重犯和杀人犯的标准惩罚。这种惩罚极端残酷的原因在于它确保罪犯死无全尸，这意味着灵魂无处可依，永远被放逐到地狱；还意味着"神魂"无法升天成为祖先，不能享受子孙的香火供奉，也无法庇佑其后代。在崇尚祖先、生者与死者紧密相连的文化中，这种惩罚确实极其残酷。

按照苏黎世分析师玛丽-路易丝·冯·弗朗茨的说法，"在炼金术中，砍下一个人的头是一个极其普遍的主题，意在将理智与本能切割开来"①。从心理学角度讲，这种切割使人们在看待自己时能表现出某种精神上的超然或客观，这样一来，一个人的理智就变成了一种纯粹镜映式的、超然的因素。砍头也暗示着牺牲理智以允许其他形式的精神领悟发生。因此，砍头象征着产生象征性思维的可能性，这对于理解心灵和无意识的原始材料非常重要。这样的牺牲有助于人格的全面发展，抵消了因片面强调理性而导致的神经质倾向，这种片面强调正是本书提到的阳性能量过度发展的表现之一。换句话说，在我们阴性的一面重新获得力量之前，这种象征性的砍头是我们许多人必须迈出的一步。

当然，第一次做这个要把自己的头砍掉的梦时，我还没有理解它对我的心灵疗愈进程所具有的全部象征意义。但它立刻勾起了我对梅老师那节课的记忆，并重新唤起了我童年时对秋瑾的崇敬之情。我开始意识到，我在不知不觉中认同了秋瑾和她拯救中国的热情——小小年纪的我已在内心立志成为一名女英雄。对象征性思维的价值越来越了解后，我终于意识到，我之所以认为有必要"砍掉自己的头"，是因为我发现自己与生俱来的直觉被西方式的学术训练彻底湮没了。对于当时已经开始探索无意识奥秘的我来说，这个发现是一个重要契机。因此，我明白无论是在具体层面还是在象征层面，秋瑾的故事都具有深刻的意义。从具体层面上讲，无论是其生平事迹还是英勇行为，秋

---

① Marie-Louise von Franz, *The Psychological Meaning of Redemption Motifs in Fairy Tales* (Toronto: Inner City Books, 1982), pp.117-119.

瑾都称得上是女性楷模，她能连接自己内在的阴性能量，靠自己的双脚屹立不倒，与压迫她及像她一样的女性的制度作斗争。从象征意义上讲，我们可以从秋瑾一生的经历中收获教训和启发，这同样非常重要。砍头的象征意义提醒我们，调整过度发展的理性，让它与我们的本能、情感和直觉保持平衡是多么重要。需要指出的是，秋瑾的革命行为之一就是坚决反对缠足，而且她还亲身经历了极其痛苦的"放足"过程，由此看来，她的人生所具有的象征意义就更重大了。

1875年，秋瑾出生在福建厦门的一个官宦之家。"秋"是她的姓氏，"瑾"的意思是"坚硬璀璨的宝石"。秋瑾的祖上都是读书人，担任过各级官职。她在厦门长大，祖父在当地任海防同知。秋瑾与其兄弟姐妹都很亲近母亲，她的母亲受过良好的教育，对她的人生有很大影响。有证据表明秋瑾是她父亲最喜欢的孩子，和与她同时代的大多数人不同，她和哥哥、妹妹以及同父异母的弟弟一起在家塾中接受教育，"四书五经"、诗词歌赋都有所涉猎。总的来说，她的成长环境非常优越——她甚至学会了使剑。从她早期的诗歌中，我们可以得到这样的印象：她喜欢和女伴们一起读书写诗，不喜欢做缝衣刺绣这类女子活计。秋瑾一心向学，并没有把做学问视为"额外"的嫁妆。她花了很多时间研读历史和文学，还随先后在台湾、湖南等地为官的父亲游历了浙江、福建和台湾等地。

在湖南时，秋瑾在父亲的安排下嫁给了当地一个名叫王廷钧的富商之子。秋瑾时年21岁，在当时已经被视为"老姑娘"了。从那以后，秋瑾原本安逸的生活发生了翻天覆地的变化。从她的信札中可以看到她生活的不如意，尤其是那些披露她和丈夫志趣不相投的信。婚后秋瑾很快就发现王廷钧是个花花公子，成天游手好闲，只知道把玩古董和吃喝嫖赌。在这些信中，秋瑾形容丈夫"无信义、无情谊、嫖赌、虚言、损人利己、凌辱亲戚、夜郎自大、铜臭纨绔"。秋瑾与婆婆的关系显然也很紧张，她将婆婆描述为"坏脾气，不讲道理，为人苛刻"。

生下一双儿女后，秋瑾的处境也没有任何好转。她在信中坦率地写道，她的婚姻纯粹是在"浪费光阴"，并以更诗意的方式表达了自己的苦痛——"知己不逢归俗子，终身长恨咽深闺"，并称自己的婚姻生活如同"重重地网与天罗，幽闭深闺莫奈何"。诗中的"深闺"象征着女性大部分时间都被关在家里的生活。从秋瑾的诗歌中，我们看到了其童年生活和婚后生活的巨大反差。虽然秋瑾在其早期诗歌里塑造了一个饱读诗书、超凡脱俗的自我形象，但她后来的作品却充满孤独、痛苦、悲伤和忧郁。

1903年，26岁的秋瑾迎来了人生的又一个重大变化。1900年，王廷钧在京城捐了一个户部主事的官职，后因八国联军入京，无奈放弃。1903年，王廷钧携妻女再次去北京赴任。在新家安顿下来后不久，秋瑾就接触到了西方思想。有一段时间她甚至还学习了英语，并被各具特色的西方人物深深吸引，如拿破仑、乔治·华盛顿和圣女贞德等人。在此期间，秋瑾还耳闻目睹了清政府的腐败和富人的骄奢淫逸，也因此越来越清楚地意识到国家长久以来存在的政治危机。

让秋瑾深感痛心的是，1895年，为期一年的中日甲午战争以日本胜利宣告结束，中国的国力被大大削弱。1900年，义和团运动让中国再次遭受重创。这场起义最初是由一群以农民为主体的北方民众发起的,他们希望把所有外国人和基督教传教士都赶出中国。最终的结果是,西方列强打着保护本国民众的旗号入侵中国领土,之后不但拒绝离开,还占领了北京,最后取得了中国大部分商业和贸易的控制权。外国列强的入侵使秋瑾确信,中国已被更强大的西方列强包围了,正处于生死存亡之际。担心国之将亡的秋瑾产生了强烈的爱国忧思。在京城的日子里,她经常和一群志同道合的女性朋友聚在一起,互赠诗歌,讨论时事,接触到了不少"现代"思想,为她日后从事革命活动播下了种子。

不久之后,秋瑾开始为女性权益发声,甚至很快参与创建了一个"天足会"。随着对政治和社会的关注越来越强烈,她与保守的丈夫越来越话不投机,两人渐行渐远。29岁时,她决定离开王廷钧,并把两个孩子送回绍兴老家,独自去日本留学。从她写给兄长的信中,我们可以看到她把自己的命运归咎于包办婚姻制度,并重申她觉得8年婚姻是在浪费生命。她觉得自己必须离开这段婚姻以"重获自尊"。秋瑾决定与丈夫以及传统决裂,这在当时的中国是一种极端激进的行为。她不仅放弃了传统家庭能给予她的安全感和潜在的大好前景,还冒着无家可归、前途未卜的风险。秋瑾的丈夫当然千方百计地阻挠她成行,她被迫向母亲和兄长请求经济支援。夫家带走了她的儿子,小女儿被她托付给了一个朋友照顾。

在踏上这段了不起的旅程之前,秋瑾扔掉了裹脚布,解放了自己的双脚。对于秋瑾来说,这种行为是她在用身体表达对这个压迫人的社会的反抗。而作为一个深谙诗歌意象以及象征主义的女诗人,不难想象她此举所具有的深刻的象征意义——这代表她将自己从那些长久束缚着她灵魂的、令人难以忍受的封建礼教中解脱出来了。确实，一到日本，秋瑾就获得了当时中国女性闻所未闻的自由。她的人格像花一样顺着自己的心意绽放了，她做回了真正的自己。她很快就积极地投身于三个领域的活动中：女性解放、爱国运动、革命起义。在她心目中，它们是密不可分的。除了学习日语，她把大部分时间花在了激进的政治活动上，写了不少关于女性解放的文章。她在日本参加了很多重要活动，其中之一就是和一个女学生小团体一起重建"共爱会"，这是一个致力于促进女性权利和教育的组织。秋瑾还鼓励女性参加军事活动，她认为中国女性要想得到解放，就要考虑废除儒家制度，而如此彻底的改变只能通过革命来实现。

在秋瑾的一生中，她对女性解放倾尽全力，这一直是她活动和写作的主题。事实上，她的作品一直在旗帜鲜明地表达对传统女性角色全然的排斥和强烈的厌憎之情，她将其视为"压迫、黑暗、麻木的禁锢和可耻的无知"，将其等同于邪恶。在她未完成的半自传体小说《精卫石》的前几章，她描述了五个来自士绅家庭的独立女孩。这些少女是西王母手下的女英雄，被派到人间来历练。她们勇敢地反抗包办婚姻，拒绝缠足，不甘被幽禁在闺中。她在一篇文章中写道：

> 世间有最凄惨、最危险之二字曰：黑暗。黑暗则无是非，无闻见，无一切人间世应有之思想、行为等等。

在秋瑾看来，笼罩着女性世界的黑暗最能体现笼罩着整个国家的更大的黑暗。耳闻目睹得越多，她就越发确信女性的解放与国家的解放直接相关，投身革命的念头也就越发强烈。她相信这场革命将打破传统儒家社会所打造的令人窒息的樊笼。

秋瑾还认为，让女性拥有平等的权利和教育机会有助于实现民族复兴，建立一个强大、独立的中国。正如女性解放需要革命一样，她认为民族复兴同样如此。她相信，唯有如此才能扫除中国社会的深度腐朽，唤醒民众。她渴望在推翻清政府的革命中出谋划策，为此她四处奔走，广结天下志同道合之士，包括著名的革命人物、改革派人士，甚至还有三合会的成员，其中有些人在她后来回国继续革命活动时成为和她并肩作战的同志。秋瑾还在同盟会领导人的邀请下成为第一个加入该组织的女性，回国后她在家乡担任同盟会浙江支部的负责人，并积极地招募成员。

留日期间，终于获得解放的秋瑾放飞自我，成为一个引人注目甚至稍微有些张扬的人物。认识她的人形容她"勇敢、容易激动、无忧无虑、行事果断、冲动、精力充沛"。除了负责主编一本宣传妇女解放的杂志外，秋瑾还成立了一个演讲社。她越来越表现出一种强烈的使命感。有人这样评论秋瑾："她狂热的激进思想推动着她，让她在讨论政治时不知疲倦为何物，也正因如此，她认定很多留学生的表现太冷漠并对此感到愤怒和绝望。"她忠于自己的理念和追求，总是强烈而直接地表达想法和意见。秋瑾很快就成为留学生中的领袖，虽然许多人崇拜她，把她理想化，但也有人觉得她令人生畏。她越来越觉得自己是引领中国人走向未来的领导者之一。

秋瑾在日本时还刻苦练剑，试图养出她在作品中提到的"剑气"。为此她进入实践女子大学培训学院（Jissen Jo Gakko Training College for Women），加入了其中的武术社练习剑术、射击、拳击和西洋剑，甚至还学习了炸药和炸弹的制作技术。这些活动对她的革命目标具有重大的现实意义，同时对与"剑"相关的意象也具有深远的心理意义，而"剑"是秋瑾诗歌中反复出现的一个主题。在这些诗中，她透露自己拥有上天"赐予"的一把宝剑并为此深感自豪。这把剑代表着光明。这是她唯一的伴侣，只要握着它，她就感觉自己拥有了屠龙之力，"饥时欲啖仇人头，渴时欲饮匈奴血"。她发誓要"拼将十万头颅血，须把乾坤力挽回"。在秋瑾这里，剑象征着势不可当的力量，可助她完成上天赋予的大任。至少在某些时候，秋瑾确实清楚地感到手中握有巨大的力量。

但从秋瑾写于这个时期的诗中可以看出，她有时也会被严重的怀疑所困扰。这些诗流露出秋瑾的各种情绪，有高昂的兴致，也有极度的绝望，还有挥之不去的郁闷。有些诗句展现了她的热情、自信，以及她对功成名就的信心，而另一些诗句则充满悲伤、孤独以及前路莫测的彷徨。她将自己视为"漂泊天涯"的孤独灵魂，这个主题在她的诗中频繁出现。在一首意气消沉的诗中，她称"炼石无方乞女娲，白驹过隙感韶华"。诗中的石头可能是指女娲在创造天地时炼制的五色石，这或许象征着秋瑾渴望找到的永恒真理和自我认知。

以下两首诗反映了她在这一时期极为矛盾的内心状态。

《日人石井君索和即用原韵》展现了她内心深刻的孤独和脆弱：

漫云女子不英雄，万里乘风独向东。
诗思一帆海空阔，梦魂三岛月玲珑。
铜驼已陷悲回首，汗马终惭未有功。
如许伤心家国恨，那堪客里度春风。

《重上京华申江题壁》写尽了她的孤立感和挫折感：

又是三千里外程，望云回首倍关情。
高堂有母发垂白，同调无人眼不青。
懊恼襟怀偏泥酒，支离情绪怕闻莺。
疏枝和月都消瘦，一枕凄凉梦不成。

在日期间，秋瑾的革命思想日趋激进，她加入了光复会并成为其忠实拥趸，还与几名学生结下了深厚的同志情谊。就在这个时候，她的一位密友通过自杀抗议腐败的清政府，对她造成了很大的影响。此后，秋瑾便有了为使命坦然赴死的坚定信念，并萌生出要成为第一个为国牺牲的女性的想法。时年29岁的她决定回国投身革命事业。

回国后，秋瑾定居上海。当时的上海是中国女性运动的中心。不到一年，她就凭一己之力创办了《中国女报》。这是她投身女权运动的一个里程碑，也让她有了宣扬女性解放意识的阵地。在《中国女报》

的发刊词中,她抨击了缠足、包办婚姻、强制守节、不让女子出门、女子无才便是德,以及男性把女性视为"牛马"或把她们打扮成玩物的风气。她慷慨地资助有抱负的年轻革命者,特别是女性,支持她们接受教育和出门去见世面。她为几名女子提供了道义和政治支持,帮助她们从强制婚姻或委身为妾的桎梏中解脱出来。

秋瑾鼓励其他女性和她一样按照自己的想法做事。她从现实出发,强调女孩应该接受教育,成年女子应该学习职业技能,以实现经济独立、社会独立和自力更生。她现身说法,鼓励女性解放她们的双脚。在她看来,裹脚布象征着一种长期而缓慢的折磨,它把占天底下一半人口的女性变成了行动困难的奴隶。在更宏大的层面,她相信女性可以通过展示自己的伟大能力,完成英勇壮举,洗刷掉她们以前为奴为仆的耻辱。

秋瑾回国后不久,她的母亲就去世了。为了配合同盟会和秘密社团在几个选定城市组织的一系列起义,她满怀悲痛投入浙江会党起义的准备工作中。此时的秋瑾别无他念,一心想着推翻清政府。她积极地接触各级军官和军校学生,联系秘密社团的领导人,会见各种各样的人,竭尽全力地为她心目中的大业筹集资金。在此期间,她还担任了拥有上千名学生的绍兴大通学堂的校长。秋瑾利用这个机会,在光复军激进分子的帮助下,在学堂里组织军事训练。

秋瑾的一系列行动表明,她拥有高度的独立性和自主性,这在当时的社会环境下可谓石破天惊。不难想象她因此遇到了多少困难,其中最大的挑战就是找到新的身份认同感。当她解放了自己的双脚,摆脱了儒家社会为女性严格定义的角色后，会成为什么样的人呢？在努力寻求新的身份认同感时，秋瑾转向中国历史上的英雄们，希望得到一些指引。她从自我牺牲的荆轲身上得到了启发，荆轲死于公元前227年，他为拯救一个濒临灭亡的小国只身前往秦国刺杀秦王。伟大的诗人屈原也让她钦佩不已，屈原为了表达对楚国腐败政治的抗议和不满而投江自尽。还有12世纪的岳飞将军，他以血肉之躯守护南宋王朝却被奸人陷害。不过，给她最大鼓舞的还是那些巾帼英雄，尽管她们在历史上留名的寥寥无几。她很欣赏那个女扮男装代父从军的女英雄花木兰。

虽然秋瑾为大业抱着必死的信念，但内心难免焦虑，再加上生活在这样一个由男性主导的社会中所感受到的挫败感，无疑给她造成了巨大的内心冲突。这种冲突带来的紧张体现在她的诗歌和张扬的行事作风上。秋瑾对花木兰极为欣赏，所以她好穿男装也就不足为奇了。对于秋瑾来说，这样做也是为了抗议社会对女性施加的限制。她第一次尝试穿男装还是初到京城的时候，当时她被丈夫冷落，又厌倦了被迫无所事事的生活，于是把自己打扮成男人，在男仆的陪同下像男人一样去看戏。不幸的是，她遇到了丈夫王廷钧并被他识破了，他勃然大怒，当场就打了她一巴掌。

但可以肯定的是，秋瑾穿男装的行为除了抗议对女性的限制之外，也是她努力寻找新的身份认同感的一种表现。一旦拒绝了传统的女性角色，她几乎没有什么合适的女性榜样可以参考，因而不得不去男性中寻找。有趣的是，她选择的榜样人物都属于那种精神强大、身体威猛的类型——与儒家社会对女性的期待截然相反。东渡日本后，秋瑾开始公开地表达这种想法。在日本拍摄的一些照片中，我们可以看到她穿着男士西装。还有一些照片显示她穿着和服，但手里握着一把出鞘的匕首，表达了她男性化的一面。从日本回到中国后，秋瑾经常身着男子的长袍马褂，把头发向后梳，编成辫子露出额头，手拿皮革公文包。她脚上穿的是男式黑色皮鞋，有时甚至是靴子——这可能还有一个额外的目的，就是为她缠过小脚的双足提供必要的支撑。有时，她还会穿着黑色制服骑在马背上，指导学生们进行军事训练。但即使采用了这样强大的男性人格面具，秋瑾似乎也意识到这只是一个人格面具，所以她仍在努力地寻找真正的自我认同。在这个问题上，她体验到了持续的冲突和困惑，从《自题小照·男装》这首诗中，我们可以清楚地看到她的挣扎：

> 俨然在望此何人？侠骨前生悔寄身。
> 过世形骸原是幻，未来景界却疑真。
> 相逢恨晚情应集，仰屋嗟时气益振。
> 他日见余旧时友，为言今已扫浮尘。

尽管秋瑾得到了越来越多的支持和钦佩，但她特立独行的穿衣和行事风格引起了当地保守士绅和商人的注意，他们怀着或好奇或质疑或怨恨的心情将她视为眼中钉。这导致她更难与他人建立深厚的友谊或找到真正志同道合的人，正如她在诗中发出的无奈的呐喊"青眼何人识使君"——唯有知己才能缓解她的孤独和孤立无援的感觉。不过,值得一提的是,回国后秋瑾结识了徐氏姐妹,并与她们私交颇深,这在一定程度上缓解了她的孤独。但她从未真正找到能够分享思想和感受的灵魂伴侣,这也是她诗中反复出现的一个主题。独自一人、缺乏社会和情感支持的她体验到了更痛楚的孤独和绝望,这也使得她把死亡视为最终救赎手段的想法越发强烈。随着时间的流逝,她对革命事业的奉献越来越接近宗教热情。一位学者感叹说,对于秋瑾而言,革命大业已成为她活下去的唯一正当理由,正如她在一封信中所写:"成败虽未可知,然苟留此未死之馀生,则吾志不敢一日息也。吾自庚子以来,已置吾生命于不顾,即不获成功而死,亦吾所不悔也。"

在她生前最后一段时间的书信和诗作中,为国牺牲的主题反复出现。下面这首《如此江山》不仅反映了她无法找到真正知己的绝望,也让人感受到了她的痛苦之深。她用"潇潇"这个拟声词来形容雨水从屋檐滴落的凄凉声音,表达了她在目睹儒家父权制和基于孝道的礼教对女性的所作所为时感受到的深刻的痛苦。

> 萧斋谢女吟《秋赋》,潇潇滴檐剩雨。
> 知己难逢,年光似瞬,双鬓飘零如许。
> 愁情怕诉,算日暮穷途,此身独苦。
> 世界凄凉,可怜生个凄凉女。

秋瑾越来越强烈地感觉到,自己就是"日暮穷途"的失意英雄。

在英勇就义的前几天,她写了《致徐小淑绝命词》,表示自己已经做好赴死的准备。在此期间她做了一个梦,这个梦预示了她悲惨的结局:

她似乎是走到一个地方,举目一望,真是田畴棋布,山青水绿,确是一个富庶之区。当中矗立着一座巍峨的大厦,她走到面前一看,上面嵌着三个篆体的大字,好像是什么野蛮国。她心中觉得很是奇怪,就跑了进去一看,原来是一间大殿,里面是螭盘凤绕,瑰丽裔皇,好不气概。只见殿上坐着一个巨人,面如蟹壳,眼若铜铃,狮子鼻,血盆口,两边的胡须好像刷帚一样,头上戴着一顶藤帽儿,身上穿着一件纱袍儿,像是清朝的打扮,又好像不是,手中拿着一件公文,上面写着四个大字,好像是什么野蛮法律,下面还写着许多的小字,因为太小了,所以看不大清楚。两旁站着许多虎头蛇尾的人,都生得十分凶恶,每个人手中都拿着明晃晃的钢刀,像是要杀人的样子。再一看下面跪着几个没头的人,秋瑾看了,不免吓了一跳,心想这是什么缘故呀!

当时是山崩地裂,洪水横流,到处成了一片汪洋,那巍巍的大厦也不见了,两旁的屋宇都陆沉了,真似茫茫的大海,只见一块大陆漂浮在海上面,忽然有几个人头在那块大陆的上面,风车儿一样般地滚来滚去……

秋瑾被这个梦弄得心烦意乱,认为这是不祥之兆。不久,她就收到了同志及好友徐锡麟在安徽去世的消息，此时她正积极地参与策划和协调具体的起义行动，包括安排一系列同步进行的地方起义，其中一个还是由秋瑾亲自领导的。不幸的是，因形势所逼，徐锡麟在安徽领导的起义在准备不足的情况下仓促发动。起义失败后，徐锡麟惨遭剖腹挖心。

这次起义失败的后果之一是清政府立即对革命组织展开调查。虽然秋瑾事先得到了警告，但她拒绝逃跑，她相信有了自己这个靶子，其他很多学生和革命分子可能会幸免于难，当时这些人的数量几乎达到了一万人。她还相信，她的死将"让革命至少提前5年到来并挽救成千上万条性命"。

秋瑾平静地等待着清军的到来，被捕时也没做什么反抗。她因拒绝认罪受到了严刑逼供，并于被捕后的第二天（1907年7月15日）被匆忙斩首。

秋瑾短暂而英勇的一生在31岁时画上了句号，但她的精神和革命意志却在她死后长存于世。秋瑾去世后，中国在1911年爆发了辛亥革命，接着在1919年爆发了五四运动。个人主义，以及与之相伴的平等、人权和个人发展理念，是这场运动的重要主题之一。学者、作家和社会学家开始公开抨击儒家意识形态，认为在其影响下社会养成了用人唯亲的风气，家庭氛围变得压抑，个人发展受到限制。因其对国家的生存和发展具有重大意义，"女性问题"被视为最为紧迫的问题。缠足被认为是削弱民众健康和国家士气的罪魁祸首。一些有识之士还提出了一套妇女解放纲领，强调妇女享有经济独立、自由选择配偶以及寡妇再婚的权利。1920年，北京大学招收了第一批女学生。到1922年，大概有665名女性被各个大学和专科学院录取。[1] 可以肯定地说，秋瑾的英灵若看到这些成果，定会为她的牺牲而欣慰。

幼年的我第一次听到秋瑾的故事时，就被她的英雄主义和勇敢精神深深地鼓舞了。这些年来，我发现她的人生还有不少足以让我们深受启发的地方，特别是当我从更具象征性的荣格视角去观察时——其中一个是她做的关于砍头的梦，另一个是她寻求新的身份认同感时所做的努力。

梦境无疑具有多层含义。在某个层面，梦中被砍头的场景预示着在她生活中可能会发生的事情——确实也发生了。而在另一个层面，它可以被看作，或至少部分地被看作她的无意识传递给意识的信息——如果她选择活命，该信息对于她而言就显得意义重大。从这个意义上讲，这个梦传达的信息可能与我在本章开头分享的那个梦非常相似：那个梦警告我，我在生活中过于看重理智和理性了，已经到了严重失衡的地步。为了真正地解放我的双脚，我还应该把自己从完全被"阳刚之气"支配的情形下解救出来。正如我此前所说，天性中的阴阳两面需要达到平衡，这样我的灵魂才能安生。尽管只是猜测，但如果秋瑾能够在心理上做到这一点，她甚至可能有另一种选择——不是慷慨就义，而是选择活下来继续为自由和平等而战。

在这里有必要说句题外话，我把自己的梦和秋瑾的梦比较，并不

---

[1] 陈永原：《中国妇女生活史》，商务印书馆，2015。

意味着我想和她相提并论——在我看来,她有一个非凡的灵魂,她是一个伟大的女英雄,而我只是一个普通人。我想说的是,这正是秋瑾对我们普通人的意义所在——无论是她做的关于被砍头的梦,还是她为寻找新的身份认同感所经历的史诗般的斗争,都是如此。考虑到她所处的时代,在摆脱了儒家秩序所规训的贤妻良母的角色后,她别无选择,只能像男人一样行事,这是完全可以理解的。[①]囿于时代的局限,她根本没想过做一个真正的女人可以拥有真正的力量。她被放逐的灵魂只能在死亡中找到归宿。虽然我们生活在一个与秋瑾完全不同的时代,但她的抗争提醒我们要注意一个事实:即使到了今天,当我们这些既听话又孝顺的女儿终于鼓起勇气挣脱束缚,不再为取悦他人而让自己的人生受限时,依然不得不竭尽全力去寻找女性真正的身份认同感。不过,今天的女性更有能力完成这件事,特别是在荣格创立的分析心理学的帮助下。我们将在接下来的章节继续讲述她们的故事,但我首先想讲的是我的朋友秦家懿的故事,遗憾的是,她没能活到享受她好不容易获得的阴性智慧之时。

[①] 当然,秋瑾青睐男装也可能反映了一些与性别有关的议题,但这已经超出了本书详细讨论的范畴。

第八章

秦家懿：辗转在东西方之间

和秦家懿初次会面是在一次会议上，当时她正在宣读一篇关于新儒家哲学大师朱熹的论文。看到她，我心里有点发怵。作为多伦多大学的教授，她不只才名远扬，更是出了名地心直口快，不少人提起她都心有余悸；还有人说她脾气急躁、尖酸刻薄。

午餐时发现自己就坐在她旁边时，我有点忐忑不安。但我们很快就一边吃一边聊了起来，原来我们都来自香港的同一所教会学校。她对我接受的荣格分析师训练很感兴趣，并告诉我她曾在图宾根大学与神学家汉斯·昆（Hans Küng）一起任教，甚至还与这位世界著名的哲学家合作出版了一本书。当我得知她当过20年修女时，我们的谈话进一步展开了。我开始和她分享我在修女会学校的一些经历，以及我从修道院朋友那里听到的一些奇闻轶事，完全没意识到两个人在一起哈哈大笑。我们热烈的讨论引起了同桌其他教授的注意，随后他们也加入谈话。没过多久，我们就对彼此有了深刻的了解，大有相见恨晚之感，这在如此短暂的交流中是非常不寻常的。尽管年龄相差很大——家懿只比我母亲小4岁,但我们很快就成了朋友。而就在那天傍晚,家懿演讲后感到很不舒服,不得不躺下休息。我注意到她变得沉默寡言,对人避而远之,尽管我对此有些疑惑,但当时并没有多想。

过了好长一段时间,我才再次在另一个会议上见到家懿。之后不久,她寄给我一份她的回忆录草稿《化蝶:东西方之间的人生》(*The Butterfly Healing: A Life between East and West*),并请求我写一段可放在封面的推荐语。我立刻一口气把书稿看完了,这才明白为什么她有时被认为脾气急躁——事实上,她几乎每时每刻都仿佛置身于痛苦的深渊。并且,我比以往任何时候都明白为什么我对家懿有如此强烈的感情:她是一个真正经历了深层灵魂探索之旅的人,荣格认为这样的探索不仅可以解决诸多人生疑问,而且可以实现真正的圆满和内在治愈。就此而言,家懿可说是一个完美典范。正如你将从家懿的故事中所看到的,她一开始是向外寻求答案,然后再向内求。她经历了漫长的疗愈过程,既有灵性层面的,也有心理层面的,在此过程中中国传统文化首先被她抛弃了。不过最终,她还是回到了自己的亚洲文化之根,这时她才恍然大悟地认识到,如果想了解真正的自己,她不仅要接受自己的华人身份,更要接受自己华人女性的身份,重新与自己的身体建立连接,并学会尊重内在的阴性本质。

在我们第一次见面的那段时间,她正处于漫长的手术恢复期,因为此前她做了一项名为"食道切除术"的大型胃肠手术。该手术的严重程度和造成的创伤被认为与三次三重心脏搭桥手术一样,术后5年以上的存活率仅为8%。事实上，大多数患者会在术后2年内死亡。这个手术也被称为"胃上提手术"，需要切除食道并把胃从横膈膜下方拉起来，置入两个肺瓣之间。手术后，家懿不仅要适应全新的饮食，还必须学习新的咀嚼和吞咽方式。这次手术对她的免疫系统造成了巨大的损害。这是家懿一生中第三次身患重病——她年轻时曾两度罹患癌症，所以她的康复过程变得越发困难了。患病期间经受的手术和化疗削弱了她的身体，导致她不得不终生忍受慢性身体残疾的煎熬。

食道切除术后，家懿成功地活了几年，也没有因此而影响她的工作。她继续以教授的身份教书、指导博士生、组织会议，并在世界各地的报刊发表论文。她还继续写作，除了早期的著作外，还出版了多达14部学术著作，更不用说她在主要期刊和其他出版物上发表的大量文章了。[1] 多年来，她获得了许多荣誉头衔，包括等同于英国骑士勋章的加拿大勋章。

越了解家懿，我就越是自惭形秽。她将自己的生命视为上帝赐予的礼物，由衷地认为自己有责任"彰显"上帝的奇迹，为家庭、学校

---

[1] 秦家懿的主要著作有：*To Acquire Wisdom: The Way of Wang Wang Ming* (New York: Columbia University Press, 1976); *Christianity and Chinese Religions*, with Hans Küng (New York: Doubleday, 1989); *Probing China's Soul* (San Francisco: Harper&Row, 1990); *Moral Enlightenment: Leibniz and Wolff on China*, with Willard G. Oxtoby (Sankt Augustin: Institut Monumenta Serica; Nettetal:Steyler, 1992); *Discovering China: European Interpretations in the Enlightenment*, edited by Julia Ching and Willard G.Oxtoby (Rochester, NY: University of Rochester Press,1992); *Mysticism and Kingship in China* (New York: Cambridge University Press, 1997); *The Religious Thought of Chu Hsi* (New York: Oxford University Press, 2000)。

和社区奉献自己。她对自己的使命充满激情，因此她拥有不屈不挠的意志。这样的她无疑可被视为东方传统精神的继承者和诠释者。虽然家懿于2001年不幸逝世，但毫无疑问，她的这种精神将浩然长存。

家懿的个人经历反映了20世纪上半叶中国的发展史。1934年，她出生在饱受战争蹂躏的上海的一个显赫家庭，在动荡不安中度过了童年岁月。在抗日战争、日本占领香港和解放战争期间，家懿一家在上海和香港之间来回奔波。她早期的记忆都是关于空袭、搜屋、恐惧、躲藏的，日本士兵和他们手中冰冷的刺刀成为她挥之不去的噩梦。噩梦、失眠、持续的焦虑和颠沛流离的感觉充斥着她的童年回忆。

在经历了不知多少次来回奔逃后，家懿一家人最终选择在上海周边的一个小城市苏州避难。1949年后，他们去到香港定居。在那里，家懿被送到一所寄宿学校接受高中教育。17岁那年，她获得了奖学金，前往美国纽约的新罗谢尔学院（College of New Rochelle）接受高等教育。

在家懿的记忆里，父亲是个冷漠疏离的男人，对儿女不闻不问。正因为他难以亲近，在儿女心目中父亲如同不存在一样。他曾是一位非常有名的律师，在上海的律师事务所生意兴隆。他曾担任律师协会主席，并当选为中华民国国会议员。他甚至参与了《中华民国宪法》的起草。然而，持续不断的战争和政治动荡最终打乱并摧毁了他的事业。移居香港后，他根本无法适应眼前的生活，在家懿的记忆里他好像只工作了几年。家懿的母亲是他的第二任妻子，比他小很多，所以他在家懿心目中更像是祖父而非父亲。

家懿出生时，她的母亲只有 17 岁，几乎不知道如何照顾婴儿，于是家懿被安排给奶妈照顾。母亲很快又诞下二子一女。全家搬到香港后，母亲很快就学会了英语并承担起养家糊口的重任。部分由于巨大的年龄差异，她的母亲最终和父亲离婚了。后来，失意潦倒的父亲在 70 岁那年去世了。

家懿觉得自己在成长过程中被双亲忽视了，父亲近在咫尺却宛如远在天涯，而母亲忙里忙外根本顾不上她。家里的女佣承担了大部分的照料工作，在家懿眼里她比父母更亲近。家懿无法向家里的任何人吐露心声，她在回忆录《化蝶：东西方之间的人生》中写道："尽管我生活在一个大家庭里，但基本上是独自长大的。"在孤寂而动荡的成长岁月中，家懿躲进中国小说中寻求安慰，并向女娲祈求保护。

多年后，当家懿回顾早年饱受战争摧残的创伤经历时，她意识到："不断的流浪，连根拔起，再连根拔起，这成为我人生的一个主题。后来，我辗转于各个国家和各大洲之间，始终感觉自己在茫茫人海中是如此渺小和孤独，似乎下一秒就会被浪潮吞没……我总是觉得没有安全感，就像一片叶子，在风中四处飘零……我的人生就是由一系列断裂组成的，一次次被连根拔起，无法再次扎根。"

混乱的童年岁月中，在教会学校念书的日子让家懿从上帝那里找到了平静和安慰。步入青年后她则是从阅读奥古斯丁的《忏悔录》中得到了心灵慰藉。她一直在寻找某种能让她矢志不渝、笃行不怠的目标，并逐渐认识到信仰就是她要找的答案。16 岁时，她接受了教会的洗礼。一年后她抵达美国，觉得有必要"以一个学生，并且是 名优秀学生的身份,延续教会学校给予我的宗教慰藉。我喜欢这里足以滋养我心灵的环境。我觉得终于找到了能理解我的人,他们可以帮助我让生活变得有意义"。

在这种使命感的持续驱使下,家懿还不到 20 岁就成了纽约州乌尔苏拉修女会(Ursuline Order)的见习修女,她后来将该修女会的传统描述为"从 19 世纪的欧洲移植到美国的修道院虔诚文化"。在结束见习不到两年之后,她宣誓成为一名修女。她决定献身于宗教组织,但这引发了一系列永远无法彻底解决的冲突。其中之一来自她的家庭,按照中国家庭传统,作为长女她应该帮助母亲抚养其他弟弟妹妹。当家懿离家前往修道院的时候,她觉得自己像个叛徒,因为她罔顾了一个孝顺长女的义务和责任,抛弃了自己的家庭。这导致她的内心极度煎熬——是忠于教会,还是忠于祖先传统、文化根源和价值观?她一直在这两者之间摇摆不定。

在修道院,家懿接受了严格的苦行训练,但这也在她的内心引发了大量冲突,进而造成了她持续多年的内心挣扎。她体验到了奥古斯丁描述过的体验,"我的内心就像一座内部纷争不断的房子"。家懿在内心不断地进行着这样的战斗,在宗教使命感的加持下,她咬牙坚持着,一点点地克服自己的怀疑——在她看来,这些怀疑就是她要战胜的对手,而这是一场完全发生在内心的、充满沉默和孤独的战争。她完全被圣依纳爵·罗耀拉(St. Ignatius of Loyola)的"神操"(Spiritual Exercises)迷住了。这是 16 世纪初由耶稣会创始人圣依纳爵·罗耀拉自创的一系列祈祷、冥想练习,以信(faith)、望(hope)、爱(charity)

三大基本美德为宗旨。这些教义对家懿的思想产生了深远的影响。

在接受修道院训练时，家懿一开始就被教导要成为"基督的真正新娘"，她必须坚信心灵和灵魂优于物质，并最终会战胜物质。家懿和其他见习修女都清楚地知道，她们最需要注意的"物质"形式就是身体。在学校的时候她就已经发现，在奥古斯丁的著作中，身体往好里说是一种工具，往坏里说就是"监狱、坟墓"。她还发现，在修道院，见习修女们走路时会贴着走廊的边缘，双目下垂假装没人能看见自己。她们接受的训练其实就是要求她们摒弃自己的肉体，仅以灵魂的形式存在。对此，家懿说道："身体被视为一种累赘，必须被制伏、驯化和羞辱，因为它可能是邪恶的言语、思想和行为的来源。"为了羞辱自己的身体，修女们被配发了一条小链鞭，她们私下里用它抽自己的大腿。这种做法被称为"接受管教"。为了给自己壮胆，年轻的修女们会阅读那些先圣鞭打自己的故事。

这样的训练造成了家懿心灵和身体的分裂，导致她出现了噩梦、失眠和其他一些当时被压抑和忽视的心身症状。用圣特雷莎（St. Theresa of Avila）的话说，这对于家懿来说确实是"灵魂的黑夜"。不但如此，家懿还意识到这对于她而言也是"身体的黑夜"。内心的挣扎对她的身体和灵魂造成了伤害，在进入修道院 12 年后，家懿发现自己的乳房上长了一个肿块。这时她已经从纽约州的修道院转到了台湾的修道院，但当她向院长报告自己的不适时，却被院长无视了，院长迟迟不送她去就医。因为耽误了治疗，家懿最后不得不接受根治性乳房切除术，还被迫承受了大量的放射性治疗。家懿后来一直认为，如果自己的癌症能够早一点得到治疗,避免大量的辐射,她后来的健康可能不会恶化到如此地步——确实,如果她早期的病情被认真对待,后来的恶化在很大程度上是可以避免的。

五年后,癌症再次在她体内爆发。当时家懿已经从中国台湾被调到澳大利亚的修道院,但因读书之故暂居欧洲。此时,她已经对自己的病情以及其传递的信息有了更多的了解,所以能够在肿瘤还很小的时候就发现它。因为相对澳大利亚而言美国显然近得多,她被允许回到她姐姐居住的东海岸接受治疗。她的姐夫是一名医生,所以能够让她尽快得到诊治。在亲人的帮助下,她接受了乳房肿瘤切除术,而不是根治性乳房切除术,并避免了放射性治疗。

尽管这些变故和某些哲学问题使家懿开始质疑是否该继续待在修道院,但为了遵守昔日的承诺,她依然坚持了20年。在这20年里,家懿一直致力于为社区服务。幸运的是,家懿的学术天赋得到了教会的认可,她被鼓励去接受正规的大学教育以谋求进一步的发展。最终,她获得了博士学位。

被派往台湾工作期间,家懿的内心发生了里程碑式的变化。在台湾,她重新发现了自己的文化根源。"我曾经远离中国的东西,被西方文明深深吸引。但在回头研究中国文化时,我就像一个被收养的孩子在寻找自己的亲生父母。"在台湾的教会中,她回归中国文化,而当她将中国思想与自己在修道院接受的教育进行比较时,一下子就被迷住了:"我对中国思想中关于灵性和宗教的内容深感兴趣。"在台湾期间,她重新认识了许多伟大的思想家,包括孔子和孟子。她发现,中国哲学的精髓验证了她自己的灵性体验,即天地万物都是一体的,尤其是身心一体——人体是微观世界,宇宙是宏观世界。让她印象最深刻的是,中国哲学家的世界观并没有脱离生活,也没有将身体和灵魂对立起来,而在许多基督教神学家的眼里,它们是不可调和的两部分。

这些发现使她豁然开朗。与此同时,她选择中国文化作为博士学位的研究方向,这进一步培养了她对知识的兴趣。在为教会工作的日子里,她经常四处奔走,这也让她形成了更广阔的人生观。随着时间的推移,她对宗教团体的认同逐渐减弱。当怀疑和不确定在她的无意识中日积月累时,她与教会的距离也越来越远。她开始质疑自己的动机和信仰,质疑军事化管理下严格的规章制度,质疑对个人需求缺乏尊重和关怀的环境。最后,她决定离开修道院。

以荣格的观点来看,家懿在修道院度过的那些年可以被看作一个"孵化期"——这段时间给了她一个安全的容器来发展自己。幸运的是,当家懿最终离开修道院时,她并没有将这种分离视为情感创伤,相反,她感到浑身轻松,她将这种感觉描述为"如释重负"。虽然她也有一些困惑,不知道这一切到底意味着什么,但当时的她没有太多时间沉溺其中,也没有时间去探究自己的感受。因为已经 41 岁的她面临着巨大的挑战:不但要尽快适应世俗世界的生活,还要努力成为一名专业学者并以此谋生。对于她来说幸运的是,20 世纪 60 年代的反主流文化潮流使人们对东方宗教产生了浓厚的兴趣,她的专业知识很快就受到了欢迎。她曾在哥伦比亚大学和耶鲁大学任教,最后加入了多伦多大学的宗教与东亚研究学院。

在家庭方面，家懿和再婚的母亲以及弟弟妹妹们重新取得了联系。她领养了国内一个表亲十几岁的儿子，将他带到多伦多，组成了她的第一个小家庭，这意味着她成了一个中年单身母亲。几年后，家懿以47岁的年龄和一位鳏夫同事——威拉德·奥克斯托比博士——结为夫妻。他是一位著名的比较宗教学者。在家懿眼中，他不仅是她的爱侣，更是她的挚友。

家懿接下来度过了一段幸福的时光，婚姻美满、事业有成，直到癌症在她56岁时卷土重来。这是病魔第三次向她伸出魔爪。对于家懿来说，这种病的最可怕之处就在于它来得让人猝不及防。前一刻她还很健康，忙着在大学里讲课，在世界各地的会议上演讲，下一刻她就病入膏肓。在短短几周的时间里，她从注意到自己有一点吞咽困难，很快就发展到确诊食道有恶性肿瘤。她又一次入院做手术——这次手术比她以前经历过的任何手术都更具侵入性，术后更难以恢复。面对这样的创伤和术后漫长的恢复期，家懿勇敢地以此为契机反思自己，并重新与那些过往出现过，而今似乎又占据她的身体和灵魂的情绪建立连接。

被推出手术室时，家懿有片刻不知身在何处。她觉得自己很渺小，好像"被放在了摇篮里"。在麻醉效果还没消退的情况下，她做了一个梦：

> 我梦见自己在一个宴会上。我坐在那里，周围是一群看起来兴高采烈的人，我的家人也在其中。但我一直看着那张

摆满中国佳肴的漂亮桌子,心情很低落,因为我什么也吃不下。

这个梦暗示祖先在保佑她,因为她被家人和丰盛的中国食物包围着。在中国文化中,吃团圆饭自古以来就是一种重要的仪式,意味着与家人和宗族成员分享食物,并向祖先的神灵和其他神灵献祭。宴会是宗教和社会关系最具体的表达形式,常在诸如出生、结婚和死亡等重大场合举行。这个梦让家懿深感安心——她的重生是安全的。在心理层面,她拥有家庭和社会的支持,重生后可以获得丰富的滋养。

但她吃不下东西,这说明她当时正承受着剧烈的痛苦,也暗示着她未能参与很多事情。

在医院里,家懿觉得自己像个囚犯,只能被动而无力地躺在病床上,这让她想起了修道院的宿舍。她觉得自己失去了做人的尊严,"像一只实验室里的动物",而她的身体"有点像一辆准备报废的二手车"。她是如此脆弱、崩溃,以至于她的自我再也无法抵御无意识的攻击。过去的回忆,连同那些被压抑的情绪,又回来缠着她不放。她又做了一个梦:

> 我面前站着一个强壮的男巨人,他向我展示他结实的肌肉,然后盯着我笑。我觉得他代表了所有反对我的力量。他有点像电视上的绿巨人。

巨人象征着原始粗粝的情感在嘲笑、挑衅做梦的人,与她对抗。

家懿一直饱受失眠之苦，在那些辗转反侧的夜晚她总是噩梦缠身，"梦里充斥着各种怪诞的意象，有的像狗牙作势要咬我，有的像锋利的刀片要刺向我"。"我被灵魂和身体的黑暗折磨着……而此时我的心灵在四处游荡，重温着过去，试图将支离破碎的记忆拼凑完整，找到它原本的意义"。

家懿慢慢地意识到，癌症终有一天会夺去她的生命，而她之所以罹患这样的绝症，主要是因为她过去对身体的排斥和对感情的压抑。虽然她接受的苦行训练帮助她后来进入了世俗世界，并在学术生涯中取得了成功，但也严重损害了她的健康。而她之所以这样认为，其中一个原因是，"否认身体"是修道院生活的重要组成部分，当她报告乳房出现肿块时，那位修道院院长之所以态度轻忽，毫无疑问与此有关。几乎可以肯定的是，这样长时间的延误治疗对她的身体和后来的预后产生了深远的负面影响。在心理层面，多年来耳濡目染的排斥身体的态度也对她的自我价值感和作为女性的自我形象产生了不利影响。矛盾的是，她的生存意志和以前接受的训练也在她与癌症的生存斗争中拯救了她。在将近20年的时间里，家懿很少谈论她之前在修道院的生活，因为她不想再次揭开伤口。但是，正如她在得知自己第三次患癌后所说的那样，"修道院的生活已经在我的身体和灵魂深处刻下了印记。我无法抹去它"。在第三次手术后，她进行了深刻反思：

> 过去的宗教生活又回来困扰我了。它一次又一次地在我的身体和健康上留下印记。它几乎让我失去了性别。它让我

的身体看起来像索马里饥民。

在这个漫长的休养期,尽管家懿有些意兴阑珊,但并没有被打败。她依然在寻找生命的意义,努力恢复健康,追求内心的圆满。她的自我拥有强大的力量,支撑着她在后半生努力创造自己的生活。但是,她无法战胜自己的心魔,她害怕并回避自己的无意识,因为无意识会将那些她竭力合理化的真相摆在她面前。例如,当回想起在修道院的生活时,她意识到尽管当时过得非常不快乐,心里充斥着强烈的焦虑和怀疑,但她内心深处依然觉得必须恪守承诺,所以她留下来了。即使在第三次手术后,愤怒和沮丧仍然会在睡梦中爆发,向她披露她心灵中赤裸裸的真相。她梦到:

> 我在罗马圣彼得大教堂的地下室里。它就像一个市场,我看到神父穿着黑色的长袍,修女穿着旧衣服。他们盘腿而坐,彼此开着玩笑。他们中还有一些人在买卖小饰品和小摆设,其中也许还有来自某个圣人的遗物。这个地方到处都是爬来爬去的老鼠和蟑螂。

圣彼得大教堂的地下室象征着天主教会的无意识,它通常是一个黑暗的深坑(地基),埋葬着殉道者的骨头。神父和修女的行为,加上老鼠和蟑螂的横行,暗示着教会腐败和堕落的本质,因此需要清洗和改革。这让人想起《圣经》中耶稣一怒之下赶走圣殿里的买主和卖主的故事。

经过一番深思后，家懿清楚地意识到，这个梦表明她对天主教会非常不满：

> 但在我清醒的时候，我从来没有这样批评过教会。我从来没有公然对过去在修道院的生活表示不满。这个梦暴露了教会已经烂到根的事实……我知道这只是一个噩梦。这不是现实。在现实中，我虽然认为教会有很多问题，但我不会说出比这更重的话。

处于恢复期的家懿就像在和无意识进行一场战斗。她患有失眠症，好不容易入睡后又会噩梦不断。因此，除了自然疗法、气功和能量疗法外，家懿还接受了心理治疗，尝试生物反馈技术和释梦疗法。她的大部分噩梦都是宗教性质的，这进一步加剧了她在宗教上的内心冲突和挫败感，而这些在她清醒的意识状态下并不是一个问题。下面这个梦反映了她没有办法去感受、去建立连接的无力感：

> 我向一尊镶嵌着宝石的《圣母和圣婴》雕像祈祷，祈求能恢复健康。但我感到很沮丧，因为雕像被放在玻璃柜里，这让我有一种无法与其沟通的感觉。这就好像你的电脑——不管是笔记本电脑还是台式电脑——根本没有插入数据线一样。你在梦里是碰不到数据线的，所以你不知道你的祈祷是

否被听到了。

在这个梦里，梦中的自我向圣母祈求治愈的力量——圣母玛利亚象征着西方文化中最崇高的阴性本质，相当于东方的大慈大悲观世音菩萨。雕像被放在玻璃柜中表明她与治愈之源断开了。玻璃无法导热，它是透明、易碎、冰冷的，反映了做梦者内心深处的痛苦。解离是创伤幸存者的常见症状，也是慢性创伤后应激障碍的主要特征。早年历经战争、叛乱和革命的家懿很可能患有这种疾病。

在某种程度上，癌症迫使家懿与她曾经拒绝的身体建立连接。她被迫全身心地进入寻求康复和完整的过程中，而不仅仅是在心灵层面上。这场危机给她带来了自我认识和重生的机会。她的生存意愿和为生存而战的意志使她对自己、对人类的处境有了更深刻的认识，也帮助她整合了自己关于东西方精神传统的知识和经验。在人生的最后时光里，她写道：

> 这一生我花了太多的时间与身体抗争，却错过了最重要的一堂课——爱自己、照顾好自己的身体。事实上，我一直在做对身体有害的事情。而现在，在身体不适的情况下，我甚至无法帮助那些我爱的人。
>
> 象征性地说，我小小的个人世界被父权至上的教会破坏了，就像女娲不得不应对男巨人毁天灭地的破坏一样。但更现实地说，我意识到许多问题的形成都是由于多年来我忽视

了自己的健康。宗教也在我的早年生活中发挥了作用，使我对身体及其需求不屑一顾。

但在寻求全面的治疗时，我也在履行一种宗教义务——我在保护上帝赐予的生命。治愈意味着重回完整。治愈可说是"救赎"（salvation）的基本含义，这个词有一个拉丁词根salus，意思是健康。让身体和灵魂成为完整的一体，本身就是救赎自己和他人的一种方式。事实上，这是每个生命的基本目标。

至于我的宗教信仰，我只能说我仍然自认是一名基督徒，甚至是天主教徒，但我在精神上也是一名修道者、佛教徒，甚至是儒家子弟。东方的精神传统能包容更多不同的思想。我来自东方，疾病与内心怀有的治愈的希望，促使我回归自己的文化故乡。

意义也被称为智慧，甚至是慈悲——爱人如爱己，或者至少要尝试这样去做。无论称之为佛教、道教还是基督教，这些标签并不重要。意义在于活着与爱人，在于给予与接受，甚至在于死亡来临之时。

秦家懿用象征着新生和希望的蝴蝶来总结她从亲身经历中获得的智慧。在她因癌症去世之前，在她才华横溢的生命走到尽头的时候，她用生动的想象力表达了对此生圆满的欣慰感：

我发现自己置身于圣彼得大教堂。我注意到圣彼得的雕像已经不在了，在它的位置上矗立着一尊圣加大利纳（St. Catherine of Sienna）的雕像——她是历任教皇的顾问和谏官。也许是听从了他的足病医生的建议，圣彼得被移到了地窖里，这样他就可以离自己的圣物更近一些，也离建教堂的基石更近一些。

地下室现在干净极了，除了一只蝴蝶外别无他物。我发现这只蝴蝶在跟我说话。它说："人在做梦时并不知道这是一个梦，甚至试图在梦中解释这个梦，只有清醒后才知道这是一个梦。总有一天，我们会迎来伟大的觉醒时刻，这时我们就会知道这一切不过是大梦一场。"

我对蝴蝶说："如果我们认为它是梦幻，那它就是梦幻。如果我们认为它是真实，那它就是真实。幻里有真，真中有幻。"

蝴蝶接着说："就像灵魂在身体里、身体在灵魂里一样，没有谁比谁更真实，也没有谁比谁更虚幻。如果我们理解了这一点，两者之间就不会有冲突了。"

然后，蝴蝶消失了。我告诉自己：

我们可以微笑着生活，让日子一天天过去。这是蒙娜丽莎的微笑。人们不确定她是真人还是虚构出来的。但是，她的微笑是一个传奇，是属于人类的瑰宝。

这是佛的微笑。有一些佛是虚构出来的，有一个佛是真的。但是，所有佛的微笑都具有真实的意义。

如果我们微笑着生活，就会找到生命的意义，无论生命是长还是短。

我们将见证新时代的黎明，欣赏太阳从焕然一新的地平线上冉冉升起。

秦家懿从东方开始展开追寻人生意义的旅程。她漂洋过海，先后到达美国、澳大利亚、加拿大和一些欧洲国家，最终进入自己的身体和心灵。她的追寻是一段从东方到西方再回到东方的旅程。这是一段从外在到内在、连接起身心与阴阳的旅程。在她艰难的一生中，她熬过了战火纷飞、流离失所和背井离乡带来的创伤和破坏，遭受过背叛和遗弃，时刻活在对未知的焦虑中。但她百折不挠，为了寻找自己想要的答案，她学会了深入内心上下求索。她的探索结果反映了所有宗教都强调的永恒真理——爱人爱己、敬己敬人。虽然秦家懿从来没有被缠足，但她就像秋瑾一样，让我们看到了一个有能力解开象征性的裹脚布，靠自己的双脚顶天立地的女性形象。

第九章

露比：打开新世界

当露比第一次来到我的办公室时，我有点惊讶，没想到原来她是华裔，因为她的双亲是在加拿大出生长大的，而且已经把家族姓氏改成英国姓氏了。她的举止拘谨有礼，看上去不像东方人，反而更像盎格鲁-撒克逊新教徒。她个子矮小，说话细声细气。在向我讲述她的具体情况时，她对自己的感情很克制，但我能感觉到，她瘦小的身体和眼镜后毫无表情的脸上隐藏着许多不安。

作为一名从业多年的专业音乐家，她向来是个中翘楚。可惜的是，自从开始工作后，她就一直患有严重的偏头痛以及其他一些躯体化症状，但只要她暂时离开工作岗位，这些问题就会消失。最终，她决定放弃音乐，虽然她的家人对她从事这一职业极力赞成，当初入行也是父亲极力要求的。几乎在同一时间，她还决定离开一段不幸福的婚姻。从那以后，她就成了父族和母族眼中的"失败者"。很多亲戚认为她令家族蒙羞，在街上遇见她时会假装没看见，全家人都明里暗里地排挤她。

离开之前的职业后，露比尝试了其他工作并取得了成功，但这并不能真正让她满意。她来接受分析治疗时是这样对我说的："我想知道自己到底出了什么问题。"当然，露比最后意识到她根本没有"问题"，她只是还没有完全挣脱身上的束缚，还没有找到让她感到安心的身份认同感。在露比身上，寻找身份认同感和重新与阴性本质建立连接是齐头并进的。

露比的困境在婴儿潮一代中并不罕见，我在加拿大的不少来访者都是这样的。但是，露比的痛苦还反映了与其种族背景相关的社会文化因素。要厘清自己的故事，露比必须把自己放在一个更大的历史背景中，了解自己身上承载的来自直系祖先的精神重担，并从中找到自己作为个体存在的意义。在这个过程中，她流放的心灵和肉体可以重新整合在一起并得到疗愈。

露比出生在加拿大，父母皆来自中国移民家庭。在 19 世纪末 20 世纪初，她的祖父和外祖父冒着生命危险，不顾政府法令离开了动荡的中国，结果没想到才出狼窝又入虎穴，来到异国他乡后迎接他们的是敌对、迫害以及吉凶莫测的未来。1905 年，她的祖父从中国来到加拿大，当时他还是个十几岁的少年。几年后，来自包办婚姻的新娘漂洋过海来到他身边。他们开了一家小杂货店，为华人社区服务。不幸的是，他在中年去世，留下一个年轻的寡妇和一大家子人。孩子们在店里帮忙，靠着邻居和族人的捐助勉强度日。所有的儿子都努力考上了大学接受专业培训，露比的父亲成了一名工程师，并最终拥有了属于自己的咨询公司。在露比的成长过程中，父亲长期周末加班，很少回家。她觉得自己从未真正了解过他，后来她对此深感遗憾，因为父亲在露比20岁的时候就惨死于一场事故中。

1910年，露比时年20岁的外祖父离开中国南方的故乡，来到加拿大，并在国家横贯铁路（the Trans Canada Railway）工作。新娘是母亲在国内为他选择的，对方婚前只见过他的照片。几年后，"邮购新娘"到达码头，为方便他认出自己，新娘脖子上挂着他的照片。铁路修建工程结束后，为了谋生他做过各种各样的工作，包括在一家洗衣店帮工，后来又去了一家餐馆当服务员。最后，他买下了一家洗衣店，赚来的钱用于支付孩子们的大学学费。他后来拥有了多家公司，成了一名成功的企业家。露比说，她的母亲从不谈论童年生活，也拒绝说中文，尽管她可以说一口流利的中文。

一言以蔽之，露比的父母都近乎偏执地想完全融入以白人为主的加拿大社会，同时彻底抛弃自己的华人文化之根。虽然这更难让露比获得身份认同感，但她能够理解他们的想法，因为他们是在华人饱受种族歧视的环境下长大的，经历了社会经济层面的重重困难。当国家横贯铁路建成后，这些合同工——所谓的"逗留者"（他们本打算在海外积累一些财富后回国）——发现自己被困在了异国他乡，因为他们的承包商没有按照承诺支付他们回家的路费。他们不得不进入劳动力市场，但遭到了当地白人劳工的抵制和反对。在这种不满情绪的驱使下，白人最终有组织地对政府施压，要求通过歧视性立法。于是，沉重的人头税在1904年[①]出台了，占人口极少数的外来者须每人缴纳500美元。要知道，当时的工资是每小时25美分，可见这笔人头税实在令人望而生畏。1923年，《排华法案》（the Chinese Exclusion Act）被通过，中国移民的大门被关闭。根据该法案，华人的妻儿不被允许去加拿大和丈夫或父亲团聚，华裔人口因此减少了一半以上，致使男女比例达到了10：1。迫于外部压力，"唐人街"的华人不敢移居别处，这阻碍了他们与外界的接触。在外界看来，华人社区是封闭排外的少数民族聚居地，主要由男性组成，他们没有家人，也找不到结婚对象。

露比的父母都是在20世纪20年代这种充满敌意的环境中长大的，面临着双重困境：一方面，强大的社会和政治压力迫使他们留在"隔离区"，因为他们知道，受身上那明显的种族特征所限，自己哪儿也去不了，尤其是在目睹了二战期间日裔加拿大人被集体拘押的惨状之后；另一方面，由于他们从小接受的是加拿大教育，因此他们的内心承受着相当大的压力——他们要与集体价值观保持一致，不认同"隔离区"，加入主流社会。这种激烈的内心冲突很自然地转为不惜一切代价追求成功和物质成就的动力，同时背弃自己原来的社会和文化之根。按照露比的说法，那一代人毫不掩饰他们对华人这一身份的感受：

---

① 此处时间恐有误。加拿大曾于1885年通过《华人移民法》（Chinese Immigration Act），向所有进入加拿大的华人征收人头税，意在阻挠底层华人在加拿大太平洋铁路（Canadian Pacific Railway）完工后继续移民加拿大，但加拿大仍欢迎负担得起人头税的华人富商移民。在发觉人头税政策无法有效阻止华人移民后，加拿大政府分别于1900年和1903年增加了税额。后来，人头税被1923年通过的《排华法案》所取代。——译者注

> 华人就是贫穷、文盲和失败的代名词。我们唯一的抱负就是融入加拿大的生活，成为顶尖的专业人才，拥有地位、财产和安全保障。

1947年，《排华法案》被废除，在加拿大出生的华人获得了公民权，不再是"常驻外国人"。虽然因这一变化而进入加拿大的华人女性人数有限，但第二代和第三代华裔加拿大人的数量因此激增。在20世纪60年代早期，不断变化的政治和社会经济环境催生了一项新的移民法，允许所有国籍的人根据他们的教育和专业技能申请进入加拿大。这一政策极大地改变了加拿大华人社区的人口结构，使其从一个大部分由农民组成的小规模同质群体（1947年约有35，000人），变成了一个目前有大约100万人口的规模庞大的社区，其中不乏熟练掌握多种语言的能人、行业专家和企业家等——华人再也不是被世界经济排除在外的群体了。

露比的父母在20世纪60年代搬出了"唐人街"，成功地加入了主流社会，并切断了他们与华人社区的大部分联系。露比是在父母的阴影下长大的，他们不只切断了与华人文化之根的连接，也与自身的感受和心灵失去了连接，他们的生活中似乎只剩下拼命工作和追求物质成就。在过往的人生中，露比一直承受着巨大的压力："我必须有所作为，以免给家庭蒙羞。"因此，当她以牺牲名声和经济保障为代价放弃自己的职业和婚姻时，她确实是在挑战父母的价值体系。而这个价值体系是建立整个家庭的身份认同感的基础，也是他们在敌意环绕的社

会环境中生存的基础。露比从下面这个梦开始了她的分析:

> 我梦见自己在照镜子,发现我右边的门牙松动了,可能要掉了。我发愁以后怎么吃东西,也担心这周约不上牙医。

凝望着镜子中的人——她灵魂的倒影,她看到了真相。镜子是一个象征,指的是以了解自我为目的的反思过程。镜中映像代表灵魂最深处的真相,是对自我的认知。[①] 这种真实的自我认知正是露比在寻找身份认同感时所需要的。牙齿通常与攻击和防御有关,换句话说,牙齿代表攻击和自我保护。作为撕咬和咀嚼的工具,牙齿可以让食物转化成利于吸收的形式。用荣格的话来说,牙齿是"转化器",代表"自我"(ego)适应现实的能力。在炼金术(在荣格式分析中经常被用作象征性参考点)中,右边与意识领域有关,而左边则通常与无意识有关。门牙也与审美观、自我表现和人格面具有关。从心理层面讲,松动的右门牙暗示"自我"在世间立足不稳,也暗示露比与外部现实的关系有问题。梦中的自我担心"吃饭"和"预约牙医"的问题,表明她的心理能量主要集中在身体和心灵能否正常生存及自己目前的问题有无治愈的可能性上。

在离开原来的婚姻和职业后,露比遇到的主要问题之一是无法"全

---

① Sibylle Birkhauser-Oeri, *The Mother, Archetypal Image in Fairy Tales* (Toronto: Inner City Books, 1988), pp.34-36.

身心投入"——无法快乐地拥抱生活。她觉得自己有一种得过且过的心态,尤其是在工作和事业方面。有一次她告诉我,在求职时她不知道如何"推销"自己,因为"我连自己在推销什么都搞不清楚"。这提示我们,露比需要搞清楚自己到底是谁——找到自己真正的身份认同感。在接受分析的整个过程中,露比不断地深入探索自我和质疑自己的整个人生,在此过程中,上面提到的梦境一直盘桓不去。

在露比的故事中,有一点特别有意思。人们可能会认为,既然她是一名音乐家,那肯定意味着她与本能、阴性本质以及直觉的连接很强大,但事实并非如此。虽然露比有娴熟精湛的演奏技巧,但她并没有真正用心演奏。随着露比将自己的人生故事娓娓道来,原因也就不言自明了。

露比是在一个规矩严格、家长专制的环境中长大的,长辈对她的学业和成绩的要求很高,不准她把时间花在玩乐和爱好上。露比很怕父亲,在她看来,他是一个理想化的权威人物,既"温和慈爱",又极其严苛。露比是一个情感细腻且敏感的孩子,这一点让她的父母对她很失望,因为他们想要的是"强悍、有头脑的科学家"。为了培养这个"没用"的女儿,父母在没有征求她意愿的情况下给她报了各种各样的课程。父亲为她的课余时间和暑假安排了额外的数学课和作业。他让原本就在努力赶超同龄人的露比的压力变得更大了。哪怕她考了96分,父亲也依然不满意,她迎来的依然是他的尖锐批评:"你怎么这么笨!怎么能丢4分呢?"在她成长的过程中,母亲对她甚至更严厉。回想起这些时,露比告诉我:"我基本上被认为不配活着,不配做人,除非我表现优异且不哭不闹不犯错。"

露比自幼就被送去上小提琴课，父母要求她勤学苦练，至少要达到"精通"的程度。当她终于显露音乐天赋时，她也明白了父母的用意：既然她是块"朽木"——换句话说，是个脑子不太好使、学不好文化课的人——那至少要学习一门乐器并在音乐领域成为专业人士。如果她实现了这个目标，在某种程度上也算是光耀门楣了。到了上大学的时候，露比的父母——尤其是她的父亲，决定让她攻读音乐专业。这个决定是他们在没有和露比商量的情况下做出的，而且他们也没有对她的抱负和才华进行任何现实的评估。其实，她当时已经获得了其他专业领域的奖学金，但父母还是一意孤行。

露比与音乐的关系很复杂。因为她的父亲非常热爱音乐，所以在她眼里，音乐代表着她与父亲之间的一种联系。当她继续从事这一领域的工作，就相当于有了一种与他亲近并赢得他认可的方式。露比以在音乐领域功成名就的方式向父亲表达一个女儿的孝顺。虽然父亲经常不在，但音乐给了她安慰，在母亲营造的寒冷而充满敌意的家庭环境中给了她存在的意义。所以，尽管音乐并非露比的爱好，但它确实减轻了她的痛苦和孤独。在很长一段时间里，它为她提供了一个茧房，保护着她，让她不必面对现实的挑战，也不必去寻找真正的自我。但是，因为成为一名音乐家不是她自己的决定，也不是她真正想要的，所以对于她而言，它就像缠住双足的裹脚布，让她失去了自己的阴性立足点。而她在父亲心目中扮演的角色更是加剧了这一切对她的影响。她的父亲可能是通过女儿的音乐来发泄压抑的情绪。用荣格的话来说，他的音乐家女儿承载了他的灵魂投射或者说他的阿尼玛，这在某种程度上填补了他生活中的情感真空，尤其是在一段非常不幸福的婚姻中。

简而言之，尽管人们通常会将音乐与内在的阴性本质联系在一起，但在露比这里，离开音乐是一种必要的"砍头"形式。唯有如此，她才能最终放弃对获得父亲认可的渴望，并斩断由这种渴望发展出来的、在她内心占主导地位的阳性能量。如果没有这样彻底的切割，露比将永远无法重新与阴性本质建立连接，也无法找回自己的立足点。

接受分析后不久，露比就遭遇了一场严重事故并摔断了左腿。因为伤势，她在好几个月的时间里行动不便，也因而失去了她在离开音乐界后找到的工作。身体左侧的损伤象征性地表明，她的阴性立足点受伤了，需要进行检查和治疗，这样她的人生才能继续向前迈进。失业后的露比平生第一次领略到了没有责任、不必工作也不必积极表现的滋味。在一些神话和童话故事中，被囚禁在塔楼或洞穴（监禁）的主题暗示了对自性化的心理需求，这种需求会在无法逃脱时变得更加迫切。这个主题通常出现在分析过程的开始阶段。因此，尽管这一切对于露比来说是一个巨大的挑战，但她能够战胜它，并利用这段时间向灵魂更深处探索，以期找到真实的自我。

事故发生后不久，露比做了一连串的梦。在其中的两个梦中，她回到了十几岁的时候，正和双亲一起参加活动。下面是其中一个梦：

我和爸爸妈妈一起待在街上的某个地方。我想吃点东西。这时爸爸说："如果你想吃，那我们就在这里吃吧。"于是，我们立刻走进最近的餐馆去吃饭。

梦中的自我十几岁，而那时她的父母40多岁。这个梦把做梦者带回到她需要解决和处理某些心理问题的人生阶段。据露比说，她的父亲务实而果断，这些都是她在为人处世时需要的品质。露比认为，这个梦与她父亲去世前不久对心理学萌发的兴趣有关，当时他正在读荣格的自传《回忆·梦·思考》（*Memories, Dreams, Reflections*）。露比相信，如果父亲没有英年早逝，他可能会考虑进入心理分析领域。这一认识帮助她看到了自己进行分析的意义——她在弥补父亲未完成的事。意识到这一点后，她觉得自己和父亲在精神上有了联系。因为这个梦，露比觉得自己来做分析是无比正确的决定，虽然她的初衷是满足自己在精神上的需求，但现在，她因不工作而产生的内疚也减轻了。

另一个梦是这样的：

> 我想问爸爸学中文要多长时间、有多难……我和爸爸妈妈一起坐在汽车的前排座位上。爸爸在开车。我看到一团白色的纸巾朝我们飞来，它在空中画出一条白线，隔开了对面的车道。这时爸爸把车停下了，我们就那么看着这团纸巾……

由于露比从未有意识地接触过中国语言和文化，她的梦在某种程度上表明了她正在精神上向祖先的文化——集体无意识——靠拢。而在另一个层面，寻找祖先的文化代表她正在寻找身份认同感。在梦中露比还是个孩子，这表明在当下的分析中有必要让她重新体验青春期的感受，让她明白她与现实父母的关系和与内化的理想父母的关系之间的不同。这个梦告诉露比，在这个问题上她必须特别留意她的父亲，至少在当时是很有必要的，因为直到此刻，他仍在露比的人生中牢牢地占据着驾驶位置。纸巾的意象可能意味着回忆和再体验的过程大概不会花太长时间。由于它出现的时间非常短暂，而且处理起来也非常迅捷容易，因此纸巾的意象暗示她在人生这个阶段的任务很紧迫。

在对一系列的梦进行分析之后，露比终于明白她的问题与父亲有何关系。接下来她开始处理与母亲的关系。在她试着与阴性本质重新建立连接的过程中，这一部分也是重头戏。因为正如露比最终意识到的，就像过去的那些母亲习惯性地对自己的女儿所做的那样，她的母亲实际上也给她裹了"小脚"。

> 父亲无疑是我心目中的权威人物——我总是担心达不到他的期望，会惹他生气并骂我"愚钝"……但我母亲也是一个权威人物……我不能按照自己的心意做自己……我没办法说出自己的感受或自己想要什么，因为母亲已经让我近乎本能地认为，如果我说出"我想要这个"，那就是自私自利。我们不被允许表达自己的感受。她反复告诫我，要这要那的行为很自私。即使成年后，我也不知道自己想要什么，也不愿意说出自己的感受。我现在明白了说"我想要"或"我喜欢"并不自私，我必须了解自己的感受，这样我才能知道自己想要什么。

在探索母亲是如何裹住她的双脚，如何破坏她在情感方面的发展时，露比讲起了母亲对她的各种亏待。在更深的层面上，她意识到自己是如何内化童话故事中女巫所象征的负面母亲元素，以及这种内化是如何扭曲她的天性的。她通过一系列以动物（通常代表自然世界和本能天性）敌视或攻击她为特征的梦看出了这一点。例如，其中一个梦是这样的：

> 我正待在阳台上，这时一只大猫从屋里扑向我，在我的右手食指上狠狠地咬了一口，把食指咬破了。我和这只猫搏斗起来，尖叫着想把它甩开。我的整根手指都被咬破了，看上去全红了，但血并没有流出来。

猫代表着女性身上原始的、充满直觉的阴性本质。它象征着对生活的热爱和欢乐的精神。右手食指则代表一个人在这世上前进的方向。右手食指与木星有关，对应着人体的太阳神经丛，而太阳神经丛是情感所在的区域。猫咬伤了右手食指暗示对自己的生命缺乏安全感，这通常会出现在那些没有得到足够母爱的孩子身上。因为压抑了猫所代表的能量，露比对自己的人生失去了方向。这个梦暗示她需要救赎自己内心的那只猫，也就是说，她需要释放自己的本性并满足其要求——了解自己的需求和欲望，并不带丝毫负罪感地去满足它们。考虑到露比是一名职业音乐家，那么在更直接的层面上，手指受伤就像是一个"沉重打击"。虽然和人闹着玩是猫的天性，但在这个梦中，梦中的自我对着它尖叫，而且在受伤之前无法挣脱它。伤口没有出血可能暗示这是一道旧伤，而且在时间的帮助下，露比已经能从更客观的角度来看待她的伤口。这个梦反映了她深深的焦虑，而失业和行动不便的困境更是让她的焦虑雪上加霜。

后来，露比又做了一个梦：

> 我打开了一个盒子，看到里面有两只活蹦乱跳的龙虾。我被吓坏了，尖叫起来。其中一只龙虾跳出来抓住了我。我被吓得一跃而起，一直跳到天花板上，而那只龙虾就吊在我的左腿上荡来荡去……

龙虾和螃蟹一样，被视为无情、贪婪的怪物，通常与负面母亲情结联系在一起。对于露比来说，失去阴性立足点意味着她与生命中最重要的一部分失联了——在她的内心深处，这一部分正在一天天觉醒。对自己的生命安全产生恐惧表明存在着被压抑的攻击性。在女性身上，负面母亲情结常常导致她们缺乏基本的生命安全感，在面对生活的时候总是产生无力感。在努力表现得乖巧听话的过程中，露比形成了一个虚假的人格面具，但这并不足以保护她免受侵犯，更给不了她足够的底气去面对世界。比起最初的那个右门牙松动的梦，这个梦揭示了更深层次的问题。而下面将详细介绍的露比梦中反复出现的被枪击的主题则表明了她压抑的愤怒是多么具有针对性和杀伤力。在露比的梦中，她的攻击性越来越多地以与梦中影子搏斗的方式表达出来。猫以及其他动物代表本能，与它们保持联系将有助于使恐惧和攻击性保持适度的平衡。露比需要找到自己真正的天性，然后学习如何自然地做自己。因此，在上述两个梦里，当她感到恐惧和痛苦时，她有了大声尖叫的能力！这表明，她确实在慢慢地治愈自己。

下面是她讲述的另一个梦：

> 我被枪击中了，感觉自己的生命正在一点点流逝。子弹在慢慢地穿过我的身体，留下我等待死亡的降临。我不知道自己究竟做了什么，以致遭到这样的报应。我的头很晕，身体很虚弱，想爬到地毯上让自己好受一点。我向左侧卧着，露出右边的伤口。这时妈妈进来了，说她会给我钱，让我在旅馆里租一间总统套房，这样我就可以死得舒服点。

这是个具有特别意义的梦，露比为寻找新的身份认同感而付出的所有努力，以及她为达此目的而重新与阴性本质建立连接的必要性，全都通过这个梦反映出来了。她在梦中体验到的生命流逝，实际上是一种暗示：如果她想要重生为真正的自我，就需要象征性地死去。与此同时，露比很清楚，射中她右侧身体的子弹象征着成长过程中来自母亲的伤害。露比的母亲从露比一出生就不喜欢她，母亲非常偏爱她的兄弟们，在她面前，母亲毫不掩饰对他们的认可和关爱。露比逐渐明白她必须直面这个问题，这样才能将自己内化的负面母亲形象转变为正面形象。那位出现在梦中并给她钱（金钱通常象征着能量）的母亲正是她内心的正面阴性本质，目的是以这样的方式来帮助她完成这种转变。

然而，当露比第一次尝试直面她对母亲的情感时，她觉得自己被黑暗吞噬了，完全无法动弹。恐惧和罪恶感令她不知所措。后来有一天，露比发现了自己年少时写的日记，里面详细地描述了她被母亲亏待时的感受和想法，也简单地记录了她的一些恐惧、焦虑和噩梦。读到这本日记，可以说是她在心理分析过程中的一个转折点。她现在觉得，自己对母亲怀着这样的情感是有据可循的，因为事实证明那些感受并不是空穴来风，而从前的她总是被有意无意地引导着相信自己只是胡思乱想。她越来越相信自己的感觉，在表达童年时期对母亲的不良感受时也不再畏首畏尾了。母亲厌弃她是因为她不是男孩，而不是因为她"不乖"。她很小的时候就对母亲说过这样的话："妈咪，如果我死了，你就再也不会因为我而烦恼了。"

在露比的回忆中，家里人从不用肢体语言表达感情。这个家不允许出现负面情绪。事实上，在她的童年和青春期，表达任何情感都是不被允许的。露比曾有一次对我说："我只在婴儿时期哭过。"一旦露比开始决然地将自己"砍头"，与霸道的阳性能量断开联系，她就能哭出来了。她终于可以想哭就哭，自然地用眼泪来表达情绪了。以这种方式与永恒的阴性本质重新建立连接后，有一天她发现自己和伴侣一起笑了。她震惊地意识到自己已经很多年没有真心地笑过了。虽然这一认识让她感到悲伤，但也证明她内心正在发生转变——她触摸到了内在的正面母亲，也触摸到了真实的自我。

露比在表达自己的看法时越来越从容，这是另一个令人欣慰的迹象，表明她不但在寻找自我，也在努力解开脚上的"裹脚布"，让自己稳稳地脚踏实地。因为从小接受的社交礼仪训练，露比在和人打交道时一直"只说好话"。在心理分析过程中，通过梦和联想测试，她深刻地意识到了这一点对她的影响。联想测试是荣格发明的一种单词联想练习，用来揭示他所说的"情结"。情结指的是那些充满情感的想法或意象的集合体。因为我们经常意识不到这些情结的存在以及它们对我们的影响，所以联想测试是一个帮我们揭示这些问题的有力工具。露比接受联想测试时的反应就像一个参加考试的学生那样谨慎、严肃和克制。从她的表现中完全看不出她是否喜欢这个测试，也看不到她对新鲜事物的好奇心。她的回答方式表明她的性格是"静水流深"型的，这类人的内心深处可能有很多强烈的感受和情绪，但被他们很好地隐藏和克制住了。不出所料，她的回答本身就透露了三个正在困扰她的问题：父亲、负面母亲以及与阴性本质的正面关系。在接受联想测试后，露比意识到，如果想解决她对自己的负面态度，就必须解决她与母亲的不良关系。

联想测试显示，负面母亲对露比造成的最大的不良影响就是把她"调教"成了一个乖巧、礼貌、听话的孝顺女儿。她在联想测试中的反应表明，她在自由、约束、限制和行动力方面存在问题，这些问题与负面母亲直接相关，实际上它们也是阻碍她发展的主要因素。按照她的说法，支配她人生的一直都是"别人的规则"。意识到这一点之后，露比在表达真实自我方面有所进步。她开始基于自己全新的理解去为人处世，摆脱了过往那些桎梏她的模式。既然对所有人都示好的态度只是一种伪装，那她干脆不再做一个"老好人"。她开始审视自己的友情并重新评估它们：

> 我一直在努力……决定谁是我真正在意并想保持联系的人。我意识到需要问问自己：和这个人在一起的时候我快乐吗？当我遇到困难的时候，他/她靠得住吗？

这次反省的最大收获就是，她意识到自己不应该对婚姻的失败负全部责任，不但如此，她还变得更自信了，对目前的恋人也更忠诚了。她说，她意识到他"不仅仅是我的爱人，也是我真正的朋友——最好的朋友"。

下面这个梦也传递了一切都在好转的信号：

> 我接到了音乐老师的电话，她让我去她家开车送她，因为她受伤了。我告诉她我也受伤了，我想不通她为什么会找我帮忙。

她说："我现在正处于质疑一切的时期，感觉自己开始了全新的生活。"这确实是她正在做的：以全新的面貌开启全新的人生。她在寻找真正的自我。这种转变在她的梦中表现得很明显，这表明她对内在阴性本质的觉察越来越清晰了，与它的连接也越来越紧密了。她的一个梦清楚地反映了这一点。在这个梦里,她发现自己被困在一间办公室里,感到惊慌失措。她认为自己受到了办公室里某个小团体的迫害,成了他们的"摧毁目标"。她拿起一副眼镜戴上,然后路过一个正在开会的房间,这时听到有人喊她的名字:

> 我走进去,看到3个华人女员工在那里。她们告诉我,我是她们中的一员。其中一个人说她记得我小时候的样子,正因如此,她们觉得我没问题,完全能够加入这个小团体。我感到自己松了口气。

在这个梦中,当露比戴上眼镜后,原来的小团体所代表的负面的、破坏性的阴性本质就变成了正面的、接纳的。这是因为眼镜的作用是帮助我们"看得更清楚"并改变我们对世界的看法,因此它通常代表我们对现实的感知或看法发生变化的那一刻。从这个意义上说,它代表了一种看待事物的新视角或新看法。这个梦还有一个有趣的地方是,露比加上另外3个女人等于数字4。在一些思想体系中,数字4代表整体。在荣格学派的解释中,数字4,特别是当它以1加3的形式出现时,代表着完整或完成。在童话故事中,我们可以从国王和他的3个儿子或者灰姑娘的继母和她的3个女儿这样的组合中看到这一点。在很多类似灰姑娘的故事中,女主角能否达到圆满要看那3个负面的女性形象是否发生了转变。[1]而这正是在露比的梦中发生的事情——当那3个华人女子和做梦的人一起形成完整的阴性时,转变就发生了。这个梦也反映了露比与其文化传承之间的精神联系,因为她是在清一色西方人的社区中长大的,没有结交过华裔朋友。

接下来的一个梦让露比眼中的世界变得更广阔了:

> 一个20多岁的年轻人来找我,让我帮他处理一下眼睛的问题。我扮演着眼科医生的角色,像医生一样操纵着各种工具。完事后他去前台为我的服务付费。

露比梦中的自我为她内在的阳性能量恢复了视觉,即意识,并因此得到了金钱(或能量)作为报酬。女性的正面阿尼姆斯是通往其无意识的向导。他代表她手中那把辨别真相的宝剑,让她对自己有真实的认知。她在反思中明白了此生所作所为的意义,也找到了前进的方向。在学会接纳自己、爱自己的过程中,她找到并拥有了自己。这种不断增长的完整感给了她底气去相信当下,并为人生谜团被一个个解开而欣喜不已。

不久之后,露比又讲述了一个梦,这个梦让我们看到了上述变化:

---

[1] Marie-Louise von Franz, *Introduction to the Interpretation of Fairy Tales* (Houston, TX: Spring Publications, 1970), p.140; *The Problems of the Feminine in Fairy Tales* (Houston, TX: Spring Publications, 1972), pp.184-187.

> 我回到了小时候的家。妈妈正在厨房里忙活，她见到我很高兴。

在梦中，厨房通常也是一个具有深刻意义的意象。它是家的一部分，是一个通过"烹饪"把生的、不能直接吃的东西转变成可以直接吃的食物，从而为我们提供所需营养的地方。这个梦就是一个信号，表明她内在的负面母亲正在发生转变，并且她可以与内在的阴性本质建立良好关系，这种关系将维持并滋养她的生命。

在此之前，在接受心理分析的过程中，露比一直被梦中具有攻击性的男性意象所困扰。例如，她看到一群强硬的高中男生正在做一些让她感到匪夷所思的事情，还有"一个到处开枪制造麻烦的男人"。而她现在做的梦则是"华人厨师在中餐馆的厨房里清理炉灶"。她内心的阳性能量正经历着与负面母亲同样的转变过程——正在转变为一个脚踏实地、积极参与转变过程的华人厨师。很快，露比又做了一个梦：

> 我在一栋有日式花园的房子里。一个日本男园丁正在栽种植物，而我在一旁观看。

除了美观，日本花园还暗示着精致、沉思和冥想——所有能觉察到身外与心内存在的丰富象征意义的生命都具有这三个特质。房子代表露比的内在心理结构，而现在它有了一个新的灵性维度。花园是自性化的象征，它描绘了人类意识在灵性发展过程中的进化情况。这里的园丁是培养自己的灵魂并被提升到更灵性水平的农夫,是完整的象征。露比的牺牲结出的是苦果。与阳性能量连接后,她现在可以整合自己的创造力并为自己的人生负责。这样的能量必然来自阴性原型。下面这个梦暗示露比最终做到了这一点:

> 我的外祖母正待在她楼上的卧室里。她正生着病,我上楼去看她。她用英语和我说话。她是我很在意的人,我对她的感情很深。有人给她带来了绿色的葡萄,她想把它们给我。

梦中的老年女子和年轻女子关系密切。但事实上,露比从来没有和她的外祖母说过话,外祖母也不会说英语,和她完全不熟。这是一位令人望而生畏的老太太,露比只听过一些有关她的故事。但对于露比来说,她代表着中华大地的神秘力量,而由于母亲对华人文化根源的排斥,露比与中华大地的连接被切断了。因此,这是一个具有强大象征意义的梦,她让露比接触到了祖先的文化传承和她扎在大地母亲怀中的根。

葡萄是一个象征,自古就与掌管农业和丰收的神有关,也代表着被视为生命之血的葡萄酒。梦中露比从祖母那里得到葡萄,意味着得到了来自大母神的祝福。此外,因为在基督教仪式中,葡萄酒与基督的血有着深刻的联系,所以葡萄也象征着牺牲和苦难。而这些都是智慧女神索菲亚（Sophia）赐予转化的先决条件。①

在这个梦中，以病危祖母为代表的旧阴性本质需要年轻女子来拯救。祖母将人生经验的精华部分通过葡萄传递给了露比。在被梦中那股强大的转化力量洗礼后，露比现在拥有了全新的自我。儿时的她从来没有想过要成为一名音乐家，她一直遵守着心目中的权威人物为她制定的严格规则，视自己为无物。

在心理分析的过程中，露比成功地解开了那条长长的、绑住她双脚的裹脚布，找到了自己天然的阴性立足点。露比发自肺腑地认为，她放弃过往职业和婚姻的决定是正确的，这是她的无意识在试图拯救她的人生。虽然多年的人生被牺牲了，但她找回了这段时光的真正意义。她成功地摆脱了一直主宰她人生的阳性能量，找到了真实的自我，并重新与阴性本质建立了深度连接。

---

① Eric Neumann, *The Great Mother: An Analysis of the Archetype* (New York: Bollingen, 1955), p. 252.

第十章

碧玉：松开裹脚布，恢复天足

在本书中，我们一直在探索与缠足有关的意象，它有助于我们理解为什么我们会用各种方式对自己真实的本性和愿望加以"束缚"或限制。我们还探索了一些女性是如何在心理上为自己松绑的，在这个过程中，她们可能会与大地母亲、永恒的阴性本质、她们的内在天性和真实自我重新建立连接。我有一个名叫碧玉的分析对象，她的故事足以让我们清楚地看到这个过程，而且本书中讨论的很多要点在她的个案中都有精彩的呈现。碧玉出生于新加坡，在中国香港长大，在20世纪七八十年代，她和成千上万的其他中国学生一样前往美国留学。大学期间，碧玉以优异的成绩获得了奖学金，然后继续攻读研究生并获得了MBA学位。进入职场后，她很快就在自己的专业领域——银行和金融——出类拔萃，到30多岁时，她的事业已经非常成功了。

一路顺风顺水的碧玉在31岁时结束了一段长期的恋情，此后的人生对于她而言完全不同了。在哀悼这段感情的过程中，她患上了抑郁症。

她经常控制不住地哭泣，时不时地感到紧张和焦虑，总是缺乏安全感。很快，她就被空虚感和人生的无意义感淹没了。她的焦虑状态伴随着严重的身心症状，最后严重到妨碍了她的专业工作。突然间，原本事业有成、对一切"尽在掌握"的碧玉陷入了一种她完全陌生的状态。她深感困惑和迷茫，开始求助于心理分析，想找出自己到底出了什么问题，并试图寻找生命的深层意义。

碧玉的家族史很不寻常。她的父母原本是中国南方的农民，战争期间流落到东南亚的一个日本劳工营，在那里邂逅了彼此。战争结束后，因为贫困他们不得不到中国香港寻找活路。在战争中大难不死的两人下定决心要"出人头地"，建立新家后就咬牙做起了小生意。他们很快就抛弃了华人传统，转而皈依了新教。贫穷、战争和劳工营的生活经历给他们留下了深深的创伤，在他们眼里孩子是一笔投资，是为家庭博前途的工具。孩子们稍有能力就要帮着家里做生意。让孩子们接受教育也是为了让他们老有所养。碧玉回忆起她第一天上学回家后母亲对她说的话："上学以后你就能赚大钱，将来要把一半的收入交给妈妈。"

碧玉用"沉重"来形容她的青春，那时的她肩膀上承担着满满的责任，既有身体上的，也有情感上的。作为家中的长姐，放学后除了帮忙经营家里的生意，碧玉还要负责照顾4个弟弟妹妹。当获得到西方国家攻读硕士的机会后，碧玉才终于领略到自由和摆脱家庭奴役的美好滋味。她决定不再回那个"家"了，随后在加拿大定居。

碧玉告诉我，当读完研究生并成功地在职场上站稳脚跟后，她感到自己已经筋疲力尽了。在这种情况下，抑郁是一个明确的信号，告诉她如果不尽快重新评估人生的意义，生活就无法继续下去。碧玉觉得她可能已经偏离了自己的人生道路或者说属于自己的"道"，于是她鼓起勇气审视自己并向内探索。如果我们从心理学的角度来看她的行为，很明显，当她开始接受心理分析时，就有意识地进入了一个向内心深处探索的时期。在心理分析中，这个阶段通常被称为"孵化期"，我们可以用"化茧成蝶"来比喻这种状态。如果在与分析师的关系中碧玉感觉被"容纳"，感觉得到了足以令她安心的支持，她就能够开始用释梦的方式深入探索自己的无意识。为了让这个过程更顺利，她还做了一些身体层面的工作。这次探索对于碧玉来说是一个漫长而充满挑战的过程，但正如你将看到的，她非常有毅力，最后成功地解开了长期以来的束缚。

碧玉从下面这个梦开始了分析治疗。正如在荣格式心理分析过程中经常发生的那样，第一个梦具有特别的意义：

> 我跟在爸爸妈妈身后，在一个隧道中穿行。他们看起来都还很年轻，20多岁的样子，而我还是现在的年龄。路上我们看到了一个住在山洞里的人，他披散着又黑又直的头发，整个身体都被头发覆盖了。然后我在前头领路走出了隧道，爬了一段斜坡后就到了地面上的洞口。当我走出隧道沐浴在阳光下时，杨大夫上来打招呼并和我握手。

这个梦把梦中的自我带回了童年，表明碧玉需要意识到这一时期的某些心理问题并进行处理。梦中，父母带着她穿过隧道，看到了穴居人。隧道可被理解为产道的象征，暗示她需要觉察到某些东西才能产生新的领悟。碧玉梦中的穴居人最早见于《山海经》，这部奇书描绘了中国从神话时代开始以来的原始地貌形态，以及一些存在于中国远古时期的奇怪生物。在心理学上，穴居人代表"自然人"或"原始人"的原型意象，是"自性"的象征。

此时的碧玉觉得自己"有问题"，是因为她还没有找到真正的自我，没有真正扎下自己的根，没有完全活在当下。她说："我从未活过，我只是存在着，履行我的职责而已。"穴居人的出现意味着她需要心理补偿来平衡自己的生活，因为过往的她被迫片面地专注于理性，摒弃了感性的那一面，切断了与农耕文明的血脉联系。这个梦暗示了她心理分析的方向——她需要回到原点，找到最初的自我，搞清楚她应该成为什么样的人，而不是拼命变成别人想要的样子。

在碧玉的梦中，为了找到路边的穴居人，她必须紧跟在父母身后。换句话说，只有与自己血脉里的农耕文明建立连接，她才能理解并澄清自己与父母的关系，然后才能带领父母走出黑暗的隧道，回到日光下（或回到意识状态）。这个梦以和杨大夫握手结束，也就是说，最后她与杨大夫建立了连接。梦中的杨大夫是一位中医医生，代表中国古代的大巫兼修道者。这个象征对碧玉有着深刻的意义，因为当她还是个小孩子的时候，她的祖母就带她去中医那里抓药和针灸。

对于碧玉来说，这位像大巫一样的杨大夫类似于心理分析师。[①]这让她意识到，她需要与她的分析师建立良好的关系，并在对方的引导下深入探索自己的内心。荣格通常将这样的探索称为"冥界之旅"（nekyia）或"深海夜航"（night sea journey），并用夜间独自在海上航行的意象来描述它。不过碧玉很快就发现，与缠足有关的意象和解开缠足的过程更能引起她内心的共鸣。她好似看到自己在一层层地解开裹脚布，每解开一层，对内心的探索就深入一层。

虽然在碧玉的分析过程中这个梦一直萦绕在她心上，但在早期阶段她的主要挑战还是厘清自己与父母的关系。碧玉和母亲关系淡薄，对父亲则怀着复杂而矛盾的情感。在劳工营的那段经历让父亲的精神彻底崩溃了。他对这段经历先是羞于启齿，后来又拒不承认自己深受影响，于是将痛苦隐藏起来不欲人知。正因如此，他用了很多方式将自己隔绝起来，导致他缺乏社会支持，也从来没有得到很好的治疗，更谈不上什么好转。在接受心理分析的过程中，碧玉认识到她的父亲其实患有复杂性创伤后应激障碍（complex post-traumatic stress disorder），随着时间的推移，其症状会逐渐恶化为抑郁、愤怒、偏执等精神病理现象。

雪上加霜的是，在中华文化中，罹患精神疾病一向被视为令祖先蒙羞的罪过。因此，碧玉的父亲和整个家庭都试图隐瞒他的病情，有

[①] Marie-Louise von Franz, *Alchemy: An Introduction to the Symbolism and the Psychology* (Toronto: Inner City Books, 1980), p.220.

人问起就矢口否认——大家心照不宣。这个家庭禁止与外人交往，充斥着身体和精神虐待，大家彼此不信任，疑神疑鬼甚至互相监视。他们不与左邻右舍交往，也不和亲戚走动，不仅如此，因为她父亲的情绪不稳定，家里连节日、生日都不过。由于不会表达自己的情绪，父亲常常不顾场合地大发雷霆。他讨厌听到孩子们笑，动辄恶语相向或大打出手。每次孩子们去参加毕业典礼或婚礼都会让他深感受伤，因为这让他觉得自己被抛弃和背叛了。例如，当碧玉的妹妹回家告诉父母她要嫁给一个好男人的喜讯时，父亲的反应是大发雷霆，给了她一顿毒打。中国的家庭传统要求子女孝顺、同气连枝，所以整个家庭都默默承受着父亲的疾病带来的沉重负担。正因如此，在成长过程中，碧玉感觉自己就像被囚禁在一个设于虚空中的秘密监狱里，被恐惧、羞耻、内疚、孤独包围着，与世隔绝、孤立无援，用她的话来说就是："我这一辈子都住在劳工营里！"

好的一面是，碧玉看到父亲身上仍然有一部分与农耕文明的血脉相连。他的这一面是发自天性的返璞归真，将碧玉吸引住了。在成长过程中的某些时刻，碧玉对父亲的痛苦有了深刻的理解和共情。虽然童年时和他并不亲近，但进入青春期，她已经在某种意义上成为他的"精神伴侣"。他们经常长时间地坐在一起，边喝酒边聊天。碧玉就像治疗师一样倾听父亲说话，逐渐理解了长期困扰他的情绪混乱，对他试图寻找人生意义的挣扎感同身受。为了治愈父亲，她在某种程度上"奉献"了自己。直到很久以后，她才意识到这种"奉献"是如何阻碍了她作为一个女人和一个自由个体的正常发展的。

碧玉去美国留学的决定以及对做学问的热情离不开父亲的影响。留学和做学问这两件事都是为了弥补"他未能实现的抱负"。在赴美前夕她才明白，出国留学并不是她的选择，而是父亲的——他说得很清楚，这是"为他而做"，否则的话，"还不如送她去工厂打工"。在心理分析的早期阶段，当碧玉回顾这段过往时，她做了以下这个梦：

> 我梦见自己在一家豪华酒店过夜，去那里是为了参加一个大型会议。我穿着有白色条纹的藏蓝色三件套。这时我父亲进来了，我穿着套装和他一起去了淋浴间，就像我们是恋人一样。

梦中的自我在一家豪华酒店参加会议，暗示着某种程度的事业有成。三件套暗示着职场人格面具，因为服装通常意味着一个人的社会地位和对外界的态度。蓝色有时象征灵性，而白色则象征纯洁和贞节。碧玉将商务套装视为她在商界战场上穿的盔甲。她没有赤身裸体，而是穿着这套衣服和父亲一起洗澡。这种带有情色意味的互动暗示着精神上的乱伦，而这种乱伦是穿着套装完成的。水和洗涤代表炼金术过程中心理转化的初始阶段。清洁是一种必要的准备工作，接下来要做的是分类（或辨别）和自省，之后才有可能进入整合阶段。在这个阶段，碧玉的分析重点是她的人格面具，以及此人格面具与她所择职业之间的关系，还有父亲在她选择人生方向时所起的作用。只有对这些问题进行深度探索后，才有可能处理那赤裸的真相。

碧玉被这个梦中的乱伦主题惊呆了。商务套装从本质上表明她对理想的忠诚和毫无保留的奉献,但她不是在为自己奋斗,而是为了父亲。这时她才意识到自己扮演的是花木兰这一角色,前文说过花木兰以孝顺的名义替生病的父亲从军。对现实中的父亲和父亲原型意象的忠诚蒙蔽了碧玉的双眼,她差点因此被困死在战场上,还面临无法回归阴性本质的危险。商务套装是一层面纱,代表她和父亲之间那虚伪的亲情,揭开这层面纱就会发现隐藏在其后的赤裸裸的真相——背叛。

在更深的层面,商务套装和乱伦主题暗示她的阿尼姆斯在心灵发展过程中出了问题。女性的阿尼姆斯是承袭自精神层面的集体意象,通常会投射到某个男性身上,而父亲正是这个意象的第一个载体。[①] 碧玉与父亲之间的联系表明,她在成长过程中并没有从父亲的"厄洛斯"(Eros,本义为爱神)那里得到滋养。在荣格理论中,"厄洛斯"这一意象包含所有与我们本能感受有关的"功能"——情绪、敏感、温柔、关切、喜爱。碧玉的父亲并没有像一个慈爱的父亲通常会做的那样,把这些温柔的感情倾注在女儿身上,而是需要女儿把爱倾注在他身上——这种需要因他和妻子之间缺乏爱的关系而变得愈发迫切。

碧玉自幼就与母亲不亲近,母女之间谈不上什么情分。再加上一些其他因素,导致她的阴性立足点有着明显的不足。用荣格学派的话来说,这种情况在她的内心创造了一个真空,导致她在某种意义上被

[①] Marie-Louise von Franz, *Individuation in Fairy Tales* (Houston, TX: Spring Publications, 1977), p.41; *Shadow and Evil in Fairy Tales* (Houston, TX: Spring Publications, 1974), p. 264; Emma Jung, *Animus and Anima* (Houston, TX: Spring Publications, 1978).

阿尼姆斯"占有"了。从心理上讲，她是父亲情结的受害者，被动地屈从于父亲的价值观和行为。意识到这个梦的深层含义后，碧玉对父亲的态度有所改变。在努力理解这个梦的过程中，碧玉发现，虽然她认为自己爱父亲，但这爱意后面隐藏着大量的负面情绪。这一发现给碧玉带来了极大的情感困扰。近年来，研究人员对创伤幸存者的孩子进行了大量研究，可以让我们借此更多地了解碧玉的经历。研究表明，如果父母患有复杂性创伤后应激障碍，其孩子也会出现同样的症状。[1]疾病发作时父母会出现解离症状，通过这种方式直接或间接地让自己的孩子承受与他们同样的恐惧。

尽管碧玉对父亲充满同情——那时的他已经是个精神崩溃的老头子，从未得到过正规的精神治疗，也一直没有感受到任何好转——但她同样意识到，很多时候她其实对父亲感到非常愤怒，甚至愤怒到几乎失去理智。因为他把整个家庭拖下了水，让大家一起承受那段在劳工营的经历带给他的精神混乱，并用这样的方式剥夺了她过正常家庭生活的权利。不久后，她又做了一个梦：

> 这片土地上发生了饥荒，但我并不害怕。父亲教我如何将大自然里随处可见的材料利用起来。他向我示范如何用姜和高大古树的气根炒一盘菜。

---

[1] Bessel A. van der Kolk, ed., *Traumatic Stress: The Effects of Overwhelming Experience on Mind, Body and Society* (New York: The Guilford Press), pp.182-213.

树象征着天上世界与地面生命的结合。所有文化中都有祭拜树的仪式，因为人们认为树是有神性的，树是神灵的居所。荣格所说的"自性化"就如同在时光中逐渐长成参天大树的古树一样，是人格的自然成熟。在东方，古树暴露在空气中的根具有深刻的象征意义。它们被称为"气根"，被认为代表"炁"的生命力量，因为生长在阳光照耀的地方，所以它们象征着光明与灵性。同时，因为气根是向下垂的，所以它们也代表我们的根。生姜可以入药，是《本草纲目》中最重要的植物之一。据说这种植物具有强大的疗效，常用于治疗与女性生殖器官、消化系统、心脏和循环系统有关的疾病。[①]

父亲为碧玉梦中的自我指明了一条能熬过饥荒的活路——将从天上垂下的气根和从地里长出来的姜结合起来。换句话说，就是将对立的东西放在一起，然后通过烹饪——这里指的是心理分析过程——用火、高温和情感将它们融为一体。对于碧玉来说，这是一个强有力的线索。她向来偏重理性，多年来兢兢业业地汲取西方科学知识，这可能使她在外部世界取得了成功，但内心世界却如一片荒芜的土地，面临着精神上的饥荒。因此，她需要父亲身上的农民智慧，它代表与大地母亲的重新连接，能给她提供渡过饥荒的食粮。

这两个梦在碧玉的情感世界中引起了相当大的震动。她对父亲的矛盾感情把她朝着两个相反的方向拖拽。在这种高度紧张的情绪状态

---

① Richard Lucas, *Secrets of the Chinese Herbalists* (New York: Parker Publishing, 1987), pp.12-14,144-146,207.

下,她做了下面这个对她的治愈之旅有着深远意义的梦:

> 我梦见自己正在儿时的家里。外面有个年轻的男人在招呼顾客买他的白糖糕。我走出去,看到一个70岁左右的老婆婆也在卖东西。她很安静,并没有吆喝兜售,但客人都被她吸引了过去。男人很生气,打了她一巴掌。她哭了起来。
>
> 这时,有另外两个老婆婆走过来安慰她,并陪着她走回家去了。离开的时候,她的一只黑色棉鞋掉了,她弯腰捡起来。另外两个老婆婆帮她把鞋穿上了。我注意到她的脚上裹着层层白布。
>
> 后来,我发现自己正走在中国农村的一条未铺沥青的马路上。经过一间茅屋时,我看见屋里有个老婆婆坐在床边。她裹了一双小脚。我在门口停了下来,礼貌地问她是否可以让我看看她的脚。
>
> 她说:"这可是一个大秘密,你要知道,女人总是把她的小脚藏起来,从不让人看。"但随后,她开始解开脚上的布。我用从祖母那里学来的方言说:"我完全没想到现在还能看到裹小脚的人。"布被解开了,露出了她的两只脚,看上去像两团肉球。每只脚除了大脚趾之外,只能依稀看到其他四根脚趾的痕迹,脚踝非常纤细,但至少是完整的。她说她的脚趾都长到肉里去了。
>
> 这时,住在旁边的一个老婆婆走了过来,把她的脚给我

看。这位邻居老婆婆说她的脚更大一些，因为她 16 岁才开始裹脚。她的脚踝更接近自然形状，但因为被缠过，所以她的脚趾向各个方向伸展。我说："这是何必呢？"老婆婆说："这得当爹的说了算。如果他说'要裹'，你就得照做。如果他说'不用裹'，那你就不用遭这罪了。"

夏天穿黑布鞋实在太热了，这位邻居老婆婆给自己做了一双草鞋，上面开了很多小口，好让她的脚指头有地方透气。我看着她的草鞋，很想知道它们和我的皮鞋比起来怎么样——我的皮鞋是手工制作的，鞋底很厚。

这个以旧时代小脚女子为主题的梦让碧玉大为困惑，她反复思考这个梦的深层含义。随着自我探索的不断深入，她想到了那双像肉球一样的脚，这使她开始探究自己的阴性立足点，以及她与大地、与现实的关系。这个过程引领她重新探索自己的华人文化根源，而随之涌现的，是她作为一个"孝女"在生活中体会到的悲伤和愤怒。她为从前的自己哀悼——那个为了实现"抱负"而被她抛弃的沉默的小女孩，从来没有真正地活过。

在梦中，虽然白糖糕仍在出售，但出售的方式——也就是关系模式——正在发生变化，所以冲突不可避免。老婆婆和年轻的小贩代表了传统的简单生活方式与现代外向而进取的西方生活方式之间的冲突。梦中的自我认为传统的生活方式可能仍然有价值，正如老婆婆虽没有大声兜揽但仍被顾客接受一样。

梦里的两位小脚老婆婆代表被压抑的阴性立足点，暗示碧玉对"秘密"的理解可能会有不同的层次和强度。梦里出现了"16岁"，是因为这个年龄的碧玉和父亲的关系最为亲密，因为父亲的影响她才有了出国留学的动力。虽然她的抱负和后天形成的立足点与父亲有直接关系，但却是在相对较晚的时候形成的。因此，梦中那双更接近天足的小脚就是这种发展状态的隐喻，而那双已变形成两团肉球、脚趾长进肉里的小脚则象征着阴性本质的更深层次，象征着大地母亲最初的根。这是碧玉首次得到的线索之一，提醒她要在这次自我探索之旅中解开自己被缠住的双脚，让那些已经变形并长进肉里的脚趾改变方向朝外生长，这样它们就可以触摸到大地母亲，从而能够像一个赤着脚站立的孩子一样把她的脚趾伸进凉爽潮湿的泥土里。这个意象代表梦中的自我发现的秘密，暗示她有可能完全理解其象征意义并最终重新获得立足点。在梦的最后，做梦者将老婆婆的草鞋与自己的皮鞋进行比较，而后者象征着西方的科技和物质主义。对于碧玉来说，她不确定当她解开自己的双脚后，是否能在西方找到立足点，或者说她的中国脚是否能够与她接触到的西方传统和价值观相契合。也就是说，碧玉是否能够在她的生活中融合东西方的价值观还有待观察。

在进一步向内探索时，碧玉接触到自己内心中那似乎吞噬一切、让她深感无力的黑暗。她不知道自己的双脚被裹成什么模样，只知道"立足点"被绑意味着她的整个人生都被裹在长长的裹脚布里了。黑暗把她完全笼罩了，她感到麻木和窒息。她挣扎着呼吸，每喘息一次，就向自己最初空白的生命迈进一步。她在日记中写道：

我的立足点在哪里？我有吗？我父母过去常向他们的朋友炫耀我多有出息。而这不过是因为我乖巧听话，老老实实地满足了他们的要求。在孝顺的名义下，我内心的那个小孩还没来得及说一句话就被堵住了嘴。恐惧使我保持沉默，只能低头干活儿，忙着满足别人的要求。只有把手上的事情做到尽善尽美，我才能松一口气。我怎么敢去了解真实的自己？因为内心的那个我只想说："不，不，不！我想去玩！"

我母亲把我当作她的投资，让我怀着感恩之心顺从地把工资交给她。我父亲把我当作他的"童养媳"——让他脸上有光的小能人。他们想要的只是一个听话、尽职的奴隶。让我长大成人对于他们来说不划算，而且太有威胁性。

当我的脚连地面都碰不到，脚趾连泥土是什么感觉都不知道，我的人生怎么会有方向感？这么多年我唯命是从，取悦了别人，却抛弃了自己。我不知道自己是谁，也不知道自己是个什么样的人。我恨我的父母，但这让我感到内疚和"不孝"。指责他们，让他们负责是没用的。我必须找回自己。

确信需要找到自己的人生方向后，碧玉就全心全意地踏上了内心探索之旅。她的自觉和自律成为她最宝贵的资源，她一点点地解开束缚，深入未知的旅程。她开始沉入内省之中，把精力投入从内心世界不断涌现的心理内容。她有意识地让自己退回孤独状态，潜入内心深处，去接近灵魂中那块未被触及的净土。同时，她还尝试了身心治疗和运动疗法,密切关注那些源自心灵的躯体表现。在这个内省(或孵化)的时期,她试图与本能、感受以及那些"长进肉里的脚趾"建立连接,寻找她内心的指南针和生命最初的完整状态。在心理分析的框架下,碧玉从内在信念中汲取了信心和力量,在这段通往灵魂的旅程中越走越远。在这期间,有一个主题在碧玉的梦中反复出现——她看到自己的内心有条河,而她正行走在内在自然形成的河床上。这一美好的意象激励她用自己的天足继续前行。

随着碧玉投入内在探索的时间和金钱越来越多——做身心治疗,参加各种提高自我觉察能力的工作坊,继续心理分析疗程——外界对她的批评也越来越多。她的一些朋友嘲笑她"投资自己而不是房地产",母亲对她破口大骂,骂她30多岁了还嫁不出去,是一个"发疯的老处女"。用荣格学派的话说,这些行为可以被视为来自集体阴影的攻击。具有讽刺意味的是,正是她从父亲那里继承的本能智慧帮助她理解了牺牲的深层含义,坦然接受了为重获阴性立足点而不得不失去某些东西的事实。在寻找阴性本质的过程中,碧玉必然会接触到她心灵中的母亲意象,也逃不开她与亲生母亲的关系。她梦到:

> 我去见我的分析师,她带我上了一艘潜艇,然后我们一起下到海底。我看见鱼从我们旁边游过。我脖子上围着一条长长的围巾,是我上小学时亲手织的。这条围巾是用两种不同的针法织成的:一种是祖母教我的平针,另一种是母亲教我的十字针。我想把用平针织成的部分拆了换成十字针。

海洋是无意识的象征，是所有生命的起源。下到海底暗示碧玉在当前心理分析阶段自我探索的深度。潜水艇代表她心灵旅程中无意识的内容被激活时自我结构的力量。在潜艇周围游动的鱼暗示了这一点，因为鱼通常象征着我们的无意识想法。围巾象征着当前阶段碧玉寻找自我过程中的主要任务，不同针法代表着她与祖母和生母之间关系的区别。

碧玉说不清她对祖母怀着什么样的感情。祖母30岁出头就守寡了，碧玉出生时她才46岁。出生后不久，碧玉就被交给祖母抚养，上学之前一直和祖母同住。在随后的几年里，她在父母家和祖母家之间来回跑。祖母坦言她的目的就是让碧玉为她养老。虽然把孩子交给亲生父母之外的人抚养是中国家庭长期以来的传统，但这仍然让碧玉感到惶恐不安，觉得自己被遗弃了。再加上碧玉和祖母之间的关系谈不上亲近，所以她说自己被遗弃了也不为过。之所以如此，其中一个原因是她的祖母并没有像家里其他人一样皈依基督教，而是沉迷于佛教，祖母花了数不清的时间在佛前念经，去寺庙参拜，以及参加其他各种修行活动。虽然这让碧玉觉得自己被抛弃了，但她也在不知不觉中受到了祖母的熏陶。后来她发现，这段经历在自己的治愈过程中发挥了重要的作用。

日子一天天过去，祖母和母亲围绕着碧玉而展开的权力斗争越来越激烈。再加上其他一些原因，导致碧玉和母亲的关系岌岌可危。当她回头审视这段母女关系时终于明白，正是在劳工营的那段经历把母亲变成了一个冷酷无情的人。碧玉形容她为人聪明、做事麻利、控制欲强、刻薄成性。她17岁嫁人，婚后接连生下的两个儿子都不幸夭折。

夭折的小生命只让她觉得麻烦，就连下葬的事她都懒得费心。至于和丈夫的关系，因为彼此都想压对方一头，所以夫妻之间的冲突很激烈，他们经常因为生意上的事针锋相对。碧玉不可避免地成为父母权力博弈中的"乒乓球"。由于父亲精神不稳定，最后通常是母亲占上风，因而家庭和生意都落在了她的铁手中。最终，因碧玉与父亲和祖母的关系较为亲密，所以他们结成了一个联盟，足以制衡母亲在家庭中的权力。碧玉在母亲面前很顺从，心里却又怕又恨，对她敬而远之。

对母亲与祖母截然不同的情感以及因此而产生的内心冲突导致碧玉做了下面这个梦：

> 我走进一座大教堂，发现门廊上躺着一个大十字架，耶稣被钉在上面。然后，耶稣从十字架上挣脱并站了起来，沿着过道走向前面的圣坛。我怀着敬畏的心情跟在他身后。

在这个梦中，耶稣受难的意义和耶稣之灵化为鲜活的人生，不再是被崇拜的神像。十字架象征着耶稣的受难、死亡和复活。在心理学上，用荣格的话来说，被钉在十字架上"象征着一个人被迫放弃、被蒙在鼓里甚至几乎失去理智的极端冲突状态。只有在这种情况下，才会产生真正值得为之奋斗的东西……即自我的诞生"。

放在门廊上的十字架反映了碧玉面临的激烈冲突，这种冲突带来的并不仅仅是思想层面的迷茫，也是她正在承受着的身心痛苦。耶稣从十字架上挣脱走向祭坛，表明其作为"内在神性"的象征意义，为救赎提供了可能性。走向祭坛的过程，即上升到灵性中心的仪式，反映了心灵能量朝向接受死亡、痛苦和牺牲的方向。

就在碧玉面对那些深埋心底无法解决的冲突时，她来到了耶稣的面前。她心中那个被遗弃的孩子明白了耶稣在十字架上说的那句话——"我的神，我的神，你为何弃我而去"——的含义。十字架的象征意义之一是忍受苦难——在没有办法解决冲突之前竭力忍耐，这就是荣格所说的"第三者"（the third），它会在体验过受难和复活这样强烈的情绪后出现。矛盾的是，碧玉梦中的那种上升仪式反而使她坠入了更深的深渊。冲突不再只停留在思考层面，也无法用语言来表述。碧玉连着好几个小时说不出话来，只能用沉默来表达痛苦，哀悼着内心那个被遗弃的孩子。她反复做同一个主题的梦，反映的是被遗弃的恐惧，还有因此而产生的绝望和痛苦。她在梦里看到一个被遗弃在路边的婴儿，赤身裸体，只穿着尿布。这个梦总是会引发碧玉的身体反应，导致她身体抽搐。在持续的痛苦中，她做了一个梦：

> 我的一切都被夺走了，我一无所有。就连阿姨给我的金镶玉戒指也不见了，不见了，不见了！我一丝不挂，沿着马路一边奔跑一边扯着嗓子喊：啊——啊——啊——啊！一辆辆汽车从我身边经过，但没有一辆为我停下来……我独自一人……

这枚金镶玉戒指对碧玉有着深刻的意义，不仅因为碧玉的名字就和玉石有关。自古以来，玉就是中国人眼中最珍贵的宝石。它象征着生命力、宇宙能量、德行和美，还被认为是能让人长生不老的药物，甚至有人相信它可以让尸体不腐。当然，黄金是最贵重的金属。正如本书前面提到的，它让人联想到不腐和不朽，象征着炼金术转化过程中的意识。戒指是结合的象征，是牵线搭桥并指向圆满的因素。因此，对于碧玉来说，金镶玉戒指代表的是与世界的良好关系，是有可能带来爱情和创造力的意象。很显然，她必须找到它。

在深沉的绝望中，碧玉想起了与阿姨之间的点点滴滴。阿姨也是她的乳娘，碧玉从她那里感受到了亲情。沉浸在回忆中的碧玉重新感受到了对阿姨的爱，这是当年母亲意识到她与阿姨很亲近后就强行切断的爱。回想起早期与阿姨的亲密关系以及阿姨对自己的悉心照料，碧玉意识到这实际上是她小时候唯一真正的情感联系。此外，还有几位保姆在不同时期给过她一些关爱，但她们往往在碧玉对她们产生依恋之情后就被解雇了。

碧玉意识到母亲这样做并不是因为害怕失去她的爱，而是担心失去她的忠诚，担心自己的投资打水漂。回想起母亲千方百计地让她远离阿姨时的感受，碧玉说："我就像一只迷路的小狗，不知道自己属于谁。"重温那强烈的被遗弃感时，她无法克制自己的愤怒，她在日记中写道：

> 我很害怕，害怕望向我的黑暗——那种黑暗。这种折磨使我无法平静。一直以来，是愤怒让我坚持下去。一层又一

205

层的"裹脚布"让我"寸步难行"。我每天都生活在恐惧中，担心这颗定时炸弹终有一天会爆炸，释放出可以杀人但也会毁灭我自己的愤怒。

此时，与愤怒的抗争对碧玉来说是一种痛苦的折磨。她的痛苦和无力感导致她爆发了严重的躯体症状。与肝脏（中医认为与愤怒有关的器官）相关的身体功能陷入了紊乱。肝经所在的右腿甚至瘫痪了。西医找不到明显的病因。在心理上，碧玉强烈地感受到了愤怒的吞噬力量，她在日记中写道：

这是一种来自地府的愤怒，是一股比我本身强大得多的力量，我无法与之抗争。我必须在死亡和偷生之间做出选择。我已经走到了楼梯的尽头，唯一的出路就是跳下去……

突然间，我看到了愤怒的全貌，它是所有华人女性代代相传的愤怒。我的母亲、我的祖母、我的阿姨、我的保姆……她们都带着隐藏的愤怒安分守己地活着，在痛苦的海洋中竭力漂浮着，在沉默的绝望中挣扎着，而所求不过是一条活路……

在向这种力量投降时，碧玉体验到了自性。

好几天了，在这样的寂静中，我所看到、闻到、感觉到的只有大地、大地、大地,再没有别的了。我问自己是不是疯了。在深深的孤独中,我的躯体症状消失了,我慢慢地重新有了方向感。我感受到了最原始的阴性本质,那是天地初开时给予女性的永恒本质。我内心充满了找回自我的喜悦。

当碧玉陷入愤怒时,她经历了荣格所说的"物极必反"(enantiodromia,字面意思是"背道而驰")。在这种现象中,一种占主导地位的极端情绪或倾向会摇摆到与之相反的另一个极端并被取代。情绪(在碧玉这里是愤怒)本身似乎就包含着自我转化的种子。"物极必反"现象通常预示着重生,这在碧玉身上得到了证实。[1]她做了这样一个梦:

> 我看到一个漂亮的华人女子穿着高级官吏的官服。但是,她有一双小脚。我想知道她是谁,是干什么的,所以赶紧去拿相机想给她拍一张照片。
>
> 等我拿起相机时,她已经换上了小立领两边开衩的大红旗袍。她的头发盘成一个髻,看起来很性感。我注意到她穿着大约4厘米高的高跟鞋,她的脚看起来不像之前那么小或畸形了。她冲着我摆姿势,踏着轻快活泼的舞步,享受着我的抓拍。
>
> 我走进前面的一个房间,看见她和一个老妇人在一起,

---

[1] Stephen Martin, "Anger as Transformation", in *Quadrant*, Spring (1986), pp. 31-45.

老妇人搂着她,像跳慢华尔兹一样带着她走来走去。这是她们住处的厨房,厨房里有一个双水槽,我看到盘子架上有干净的盘子。

我问她们俩在厨房里干什么。那位年轻女子告诉我,她母亲正通过伸展、按摩脚趾以及用脚走路的方式来帮助她放松双脚,而且她的双脚确实有了改善。我很惊讶被缠过的脚居然可以放开。比起她穿官服的样子,她穿高跟鞋的脚确实显得更大了。

穿着士大夫长袍、裹着小脚的女人同时体现了儒家理想中的"阳"和"阴",而这两者都被过去两千多年来统治中国社会的僵化教条和礼教制度剥夺了其最初的立足点。在某种意义上,儒家准则剥夺了理想男性的立足点,就像缠足剥夺了理想女性的立足点一样。士大夫就是理想男性的化身,他们必须精通"四书五经",在官场上有所成就。对功成名就、人生圆满的定义是如此狭隘,也难怪那么多男人只能在后宅一展抱负,尤其是对女性吆五喝六了。而女人——正如我们在本书中看到的——是没有立足点的,她们只能被动地接受父权制所定义的女德——服从、忠诚。梦中的自我试图为这个与时代格格不入且已失去力量的女子拍照,表明她希望能够理解在自己心灵的发展中文化传承产生的影响。

碧玉发现这在自己身上也有体现,于是努力进行弥补。她认为,如果没有树立合适的榜样,将妇女从传统角色中解放出来,只会将阴性能量导向男性角色。碧玉意识到这实际上是裹着蜜糖的砒霜，因为如果一个女子没有自己天然的阴性立足点，她就有可能只知道追名逐利、出人头地，成为一个"裹着脚的小男人"。这种转变在那个跳舞的年轻女子身上体现得淋漓尽致。

梦中的场景是在厨房，这是食物发生化学转化的地方。在佛教传入中国之前，烹饪和厨房一直与炼丹术密切相关。从心理上讲，厨房类似于胃，象征着人的情感中心，因为它永远热气腾腾，在不停地消耗。此外，厨房里的照明和取暖功能通常被认为象征着"智慧之光只能来自激情之火"。根据炼丹术的说法，心理转化的秘密在于重新点燃内心的圣火，这是一个人的精神中心，它赋予一个人生命的意义。

梦中的双水槽和干净的盘子也反映了炼丹术所指的心理转化过程。在这个过程中，个体通过仔细辨别、澄清、整合和有意识地吸收内在心灵内容来完成自我的重整。与阴性本质建立连接是女性必经的心理发展过程。从这个意义上说，梦中的厨房是一个有助于促进心灵顺其自然地成长、转变和成熟的地方。

当碧玉开始自己释梦后，她想起中国自古以来就有的祭灶习俗——厨房在家庭中扮演着重要的角色。因此，她把梦中的年轻女子与传说中的灶神联系起来。根据一些记载，灶神穿着火红色的衣服，看起来像一个可爱迷人的少女。碧玉认为，那位老妇人似乎代表着那些死去的厨娘的灵魂,是厨神的初始形象,所以初代厨神原本是女性。[1] 如果从神秘主义的角度看,碧玉认为这两个女子是中心圣火的原始意象的人格化。在碧玉心中,这是一个强大而充满正能量的意象。

老妇人代表过往厨师的灵魂,这样的解读对于碧玉来说同样具有正面的象征意义,因为她认为"厨师"提供了心理意义上的"滋养"和"转化"——这是提高自我意识必不可少的因素。碧玉认为,那位跳舞的年轻女子所穿的旗袍的红色在传统上是新娘穿的衣服的颜色,代表着春天,也代表着蠢蠢欲动想要破土而出的欲望。在梦里,老妇人帮助年轻女子(她的女儿)释放被束缚的双脚,也就是帮助她找回立足点,重新与阴性本质建立连接。同时,老妇人也象征着被拒绝、被遗忘的大地母亲,需要在女儿的帮助下重见天日。就这样,梦中的两个人物形成了密切的关系,女儿从母亲处获得了重生,而母亲则在女儿身上发现了新的自我。母女之间的关系象征着生命的圆满。[2]

做了这个梦后,碧玉变得更放松了,内心也更平和从容了。在冥想状态下,她能够平心静气地思考那种被遗弃感的矛盾之处。她对母

---

[1] Carl G. Jung, *Symbols of Transformation*, CW 5, para.663; Charles A. S.Williams, *Outlines of Chinese Symbolism and Art Motives*, third revised edition (New York: Dover Publications, 1976), pp.210-211.

[2] Marie-Louise von Franz, *The Problem of the Feminine in Fairy Tales*, op. cit., pp.151-152; Carl G. Jung, "The Psychological Aspects of the Kore", in *Essays on a Science of Mythology*, Jung, Carl and Kerényi, Carl, eds., (Princeton, NJ: Bollingen Foundation, 1949), pp. 101-151; Carl Kerényi, "Kore", ibid., pp.156-165.

亲这一意象的体验可一分为三：血缘上的生母、精神上的母亲——祖母、给予她奶水和情感滋养的阿姨，如果再加上在她的自我探索之旅中提供"容器"的心理分析师，就构成了"四"，从而形成了完整的阴性本质，有了发生心理转化的可能。

在对围绕着"被遗弃感"的诸多问题进行更深入的思考时，碧玉意识到正是这种体验迫使她在很小的时候就开始了自性化的过程。她逐渐明白，"遗弃"在她的家庭中是一个根深蒂固的问题，也许在她的文化中也是如此。碧玉的祖母出生于20世纪初，10岁时她的父亲就抛下了她，和当时无数中国年轻人一样前往泰国寻找更好的机会。但是，他再也没有回来。很快，母亲就凑合着给她定了一门亲事，这样母亲就可以收养一个儿子延续这个家的香火。31岁时，她的丈夫去世了，她严遵礼教没有再嫁。当时碧玉的父亲只有7岁，所以他也体验到了被遗弃感。

碧玉母亲的经历也没好多少。她的母亲生她时已经45岁了，这个年龄还生孩子在当时被认为很不妥当，她被认为是一个"意外"。因为不是男孩，她暴怒的母亲差点直接将她溺死。后来留下她也是想着老了让她端茶递水。为了强调这一点，她母亲在她很小时就给她剃了光头。和碧玉的祖母一样，阿姨的父亲也在年轻时抛下女儿去了泰国，然后一去不回。成年后，阿姨又被困在不幸的传统婚姻中走投无路。随着对这些女人的痛苦越来越了解，碧玉对她们和她们的苦痛人生产生了极大的同情。

有了这样的同情和理解，碧玉便能够借助从中获得的力量，走完剩余的旅程。她内化的祖母的精神不再只是理想化的或抽象的，她已经能够在意识层面理解它们。她从母亲那里学来的才智和自律，再加上承袭自阿姨的那自然纯朴的农民智慧，都有助于她下定决心去寻找生命自然的"道"。在寻找过程中，碧玉有意识地向内探索，完全顺从内心的指引。她在孤独中触摸自己的感受和情感，触摸那不见容于中国文化的女性本能。在一片混乱的黑暗中，她终于看到了光明。她梦到：

> 我发现这段时间我一直住在荣格的房子里，现在是时候离开了。我必须去地下室参加一个仪式。我得乘电梯下很多层才能到那个有游泳池的地下室。仪式的第一步是把自己浸入水中，就像受洗一样。我带了泳衣，也带了一些休闲的衣服，就跟去美国之前我在中国香港的一座基督教教堂受洗的情形一样。
>
> 洗礼结束了，我感觉湿乎乎的泳衣紧贴在身上。然后，我发现自己正在湖里游泳，这是我平生第一次一点都没感觉到紧张。我在广阔的湖面上来回游着，我的两个弟弟也在我旁边游着。然后，不知道为什么湖水被抽干了，我坐在湖底的一块岩石上，被湖底的景象、周围的泥浆、水草和灌木丛惊呆了。

这个梦暗示碧玉已经到达旅程的终点。因为有心理分析结构（梦中荣格的房子）的包容和保护，碧玉与无意识的交锋有惊无险。从荣格家的地下室到湖底的距离反映了碧玉分析工作的深度。她鼓起勇气进入自己的灵魂深处，再次出现时已经超越自己，成为一个内心强大的新人。她拥有了独立自主的心灵，发现了人生的意义。

这种超越的体验就是荣格所说的唯有体验过受难和复活这样的强烈情绪后才能达到的"第三者"。荣格写道：

> 如果在面对冲突时足够用心，咬牙坚持到最后，就会迎来"山重水复疑无路，柳暗花明又一村"的时刻，化解冲突的方法会自然出现。这个化解方法来自原型集合，它拥有如同上帝之音般令人信服的权威。就其性质而言，它既符合人格的最深层基础，又符合人格的整体性。它包含意识和无意识，因而超越了自我。

碧玉确实咬牙坚持到了最后，然后准备离开荣格的家。她在隆重的洗礼仪式上离开，象征着回归生命的原始水域。这意味着精神上的重生。这一仪式的作用是净化、赋予新生和保护。对于碧玉来说，在湖中游泳意味着回归自然的生活。她知道湖泊有时被象征性地解释为大地"睁开的眼睛"。湖既是山水组成的，又是地下生物居住的地方，是阴性本质、无意识和创造力源泉最有力的象征之一。湖代表阴性力量永恒的本源，在这里碧玉与她的弟弟们重新团聚，而他们代表她新发现的内在阳性层面。此刻，碧玉的双脚马上就要被解开了，她重新与阴性本质建立了连接。她用一种全新的、正面的男性形象取代了曾控制她人生的旧的、专制的父亲形象。显然,她已经准备好站起来用自己的双脚走出荣格的家。她被治愈了,变得完整了,已经准备好以自己的方式去迎接这个世界。

在解放双脚的过程中,碧玉亲身体验到了"道",并在其帮助下重新连接了中华文明古老的根。出现在第一个梦中的杨大夫的意象全程伴随着碧玉。该意象逐渐唤醒了她童年时对中医的热情。在接受心理分析期间,碧玉还研究了中国的炼丹术,练习了太极和气功。做完上述的梦后不久,碧玉就决定深耕中医。经过几年的学习,她毕业了,开了一家诊所,每周五都为人义诊。作为一名重获健康的幸运儿,碧玉认为每一种治疗性的职业都有意义。她总是惊叹于"灵魂的奇迹",也就是心灵强大的复原能力,正是这种力量支撑着她走过漫长人生路。在个人层面,碧玉终于敞开心扉,与交往很久的伴侣喜结连理。有了美满的婚姻后,他们开始考虑生儿育女。

第十一章

对缠足与"金莲"的反思

回想起在苏黎世与那位华人小脚老太太的不期而遇，我不由得感慨万千。她唤醒了我的童年记忆，让我想起曾在不同场景下见过的小脚。我对中国缠足习俗的兴趣越来越浓，开始思考我的原生文化贬抑和打压阴性本质背后的心理意义。最终，我被引导着在这条探索之路上越走越远，对缠足现象的社会文化史进行了全方位的研究，希望能阐明它对现代中国女性的心灵产生了哪些影响。

这番探索横跨了数千年的时空，我不可避免地被带进了中国文化史的迷宫，从商朝到现代，一路眼花缭乱。我的主要目的是解读"三寸金莲"这一意象所代表的缠足习俗背后的心理意义。我的研究围绕着这个意象展开，希望对其中所体现的阴性本质有更全面的理解。我试图随着其自然节奏，遵从其本性，一层层揭开这朵"金莲"的秘密，就像一层层解开缠在脚上的"裹脚布"一样。

这本书是围绕着一个令人费解的悖论展开的——一个高度发达的

文明，却纵容一个如此陈腐残酷的习俗持续流行了千余年。"金莲"一词承载着崇高的精神价值。黄金象征着不朽，代表着中国炼丹术追求的终极目标。莲花的意象代表着自然之美，象征着灵性和神秘。莲花是从花芯开始绽放的，生动地描绘了安守本分、自得其乐的状态，正应了中国那句俗语所说的"心若莲开，福气自来"，所以莲花还象征着人类对阴性本质中灵性那一面的渴望。但是，当我们看到缠足的真相，就会明白所谓的"三寸金莲"与这种崇高的精神意象完全相反。

在心理学上，脚通常具有生殖器或生殖的含义。此外，我们在面对世界时要靠双脚站立，在运动中要靠双脚支撑。荣格认为，脚是一个人与外部世界打交道时的立足点，即以什么样的身份和立场去面对现实。此外，考虑到女性与大地母亲有密切的连接，所以女子的脚也是生育能力的象征。在旧中国文化中，"金莲"这个听起来如此美好的名字，却用来称呼女子那被裹得残缺、畸形的小脚。把幼女的脚裹成理想的三寸新月形是旧中国独有的现象，世界上任何其他地方都没有类似的做法。这样的摧残让女孩终身蹒跚而行，剥夺了她的行动能力和行动自由，导致她再也无法拥有强大的体力，也让她失去了独立养活自己的可能。畸形的小脚将一个女子的人生囚禁于方寸之间。从心理意义上说，缠足意味着对女孩阴性自我的打压和扭曲，阻碍了其自然发展。但要真正理解缠足行为，就要全面了解它漫长的历史、它的社会普及程度以及背后的文化意义。

千百年来，缠足的象征意义随着时代精神不断变化，我认为其带来的心理影响至今仍在。作为孝道（儒家道德和伦理的基础）的象征，

"金莲"代表着被畏惧同时也遭到压制的女神。不管是儒家还是道家，在数千年的时光中，都对这位被侵犯的女神进行了各种塑造，而"金莲"意象中就包含一代代人对女神的情感，也隐藏着女神的真实身份。

有一些历史元素对中国人的集体心理产生了重大影响，也促成了"金莲"意象的形成和发展。我对中国自古以来就颇有影响力的几位女性形象进行了深入的了解，包括创造人类的祖神女娲、商朝末代狐后、传说中统领天地的西王母，以及20世纪中国女性解放运动的悲壮先驱、诗人和小说家秋瑾。在此过程中我发现，中国人对待阴性本质和女性社会地位的集体态度在演变过程中一直深受儒家和道家的影响，但二者在中国人的集体想象中塑造的女性意象却是截然不同的。

在商代，大母神是社会生活的焦点。大地是受到尊崇的神圣力量，生与死被视为由大地母亲掌控的循环过程。因为女性与大地，与宇宙的生命本质——"炁"有着神秘的联系，所以女性拥有特殊的力量。女娲的形象体现了黄土地最古老、最基本的性质，即大地母亲的原始意象——既是生养万物的神灵，也是掌控死亡的地府鬼神。这样的母亲意象在中国人的心灵中历久不衰，后来被道教尊为"圣母"。

商朝大量的祭祀活动呈现了当时的世界观，它反映了人与自然之间、超自然与自然世界之间的密切关系。公元前11世纪商朝末代狐后缠足的传说象征性地表明，人类集体意识对阴性本质的态度发生了变化。从历史上看，它标志着商朝被周朝征服，周朝随后的统治标志着父权意识的开始。这种转变的一个迹象是公元前1144年《易经》前两卦的重新排序，这是第一次赋了"阳"优先于"阴"的地位。这一变化标志着中华文化逐渐开始对阴性本质持负面态度，而女性在社会中低人一等的状况也从此开始并每况愈下。

中华文化的基础在周朝得到了巩固。周朝的阳性世界观，以对"天"的非个人崇拜为特征，重视结构、等级、法律和秩序，在接下来的三千年里主宰着中国社会政治组织的各个方面。这样的世界观与对黄土地的原始信仰碰撞融合，孕育出诸子百家，最终儒家和道家脱颖而出。儒家思想在汉朝得到了大量的政治支持，逐渐成为占主导地位的集体意识。但是，道教始终牢牢地扎根于大地，崇尚返璞归真的原始信仰，仍然持续不断地向集体意识提供养分。汉朝的儒学随后进一步强化了中国社会的父权及父系结构，以服务中央集权的统一帝国。这些措施让我们看到，此时集体无意识中的阳性能量以及与之相关的文化得到了进一步的发展。为了巩固手中的权力，汉朝皇帝将以前属于宇宙统治者西王母的"龙"据为己有，用作其父权的新象征。对神话的这种改动反映了对阳性本质的绝对偏爱。

千百年来，儒学和新儒学的主要政治功能是确保封建统治的权威性和连续性。尊崇父权的家庭被视为一个小朝廷，祭祀祖先是所有社会阶层必做之事。对集体的维护被放在首位，个人主义受到压制，而这样做的代价是牺牲了个人的创造力，阻碍了文化的发展。在过去的两个世纪里，这种压制最终导致了文化的停滞和中国社会的倒退，并导致了1912年清朝的灭亡，从而永远结束了中国的帝制统治。

道教填补了儒家理性主义伦理观在集体心灵中造成的真空。对西王母的生育崇拜的复兴，为道教的发展铺平了道路。道家的修炼经典为我们指明了一种从心理上摆脱社会和家庭束缚的方式。"内丹"旨在悟"道",即诞生一种新的意识,以《易经》中的"复"卦为象征,即回归—开始。在悟道过程中人会回归本源,即一个人原始人格的根源,重新获得生命的起点。这样做是为了与作为"纯阳"之源的"太阴"重新建立连接。回归本源被理解为促成"乾龙"与"坤母"的重新结合。

不幸的是,多年来某些教派采用的房中术失去了其原有的意义,沦为对女性的性剥削。他们以"炼丹"为由把女性当作泄欲对象。正是这种荒诞的观念推动了缠足的流行和对"金莲"如恋物癖般的崇拜。作为物质的具体体现,"金莲"反映了一种想要回归"阴"世界的冲动。即使在今天,不少男性依然会打着"采阴补阳"的旗号纵情声色,这句口号也被用于壮阳药的广告营销。这种根深蒂固的沙文主义态度让人越发相信"阴"是危险的,而女性不得不承受其投射的负担。"狐狸精"到今天仍臭名昭著,因为人们总是用这个词来形容那些与男子有不正当关系的女性。

千百年来,儒家和道家频繁互动,在人们的集体想象中产生了不同的女性意象。女性既被视为道德低下、软弱、从属、可被性剥削的,也被视为对性索求无度、强大、危险的。在精神软弱的情况下,我们是不可能与"阴"重新连接的,更无法体验真正的"阳"。因此,阴性本质仍然处于阴影之中,真正的女性仍然被囚禁在"内闱"中与世隔绝。对阴性本质的救赎已成为一项困难、复杂和艰巨的任务。

在这种背景下横空出世的秋瑾以女子之身成为革命家、政治活动家、教育家、作家和诗人,可谓是真正意义上的先驱者。她全心全意为女性解放而斗争，反对压迫女性的家庭制度，特别是古老的缠足习俗。她的人生故事与易卜生《玩偶之家》中的女主人公娜拉如出一辙，该剧于1914年首次在中国上演，迅速在正面临革命浪潮的人心中掀起惊涛骇浪，从而使得娜拉成为中国女性解放的象征。这部戏的剧本在上海的欢场女子中秘密流传，娜拉成为她们心目中自由女性的典范。在上海民众中，该剧也引发了关于妇女地位的热烈辩论。遗憾的是，秋瑾没有等到这部剧，早在几年前她就英勇就义了，"出师未捷身先死，长使英雄泪满襟"。很多人认为她的牺牲加速了革命，为妇女命运的转变铺平了道路。秋瑾被当作娜拉的化身而备受推崇和赞美，尽管她从未接触过易卜生，对西方的个人主义也知之甚少。自《玩偶之家》于1914年由春柳社首次搬上舞台后，演出势头迅猛，成为那个时代全国上演次数最多的剧目之一。如今，易卜生塑造的娜拉形象仍是中国女权运动兴起的立足点。

随后爆发的五四运动是中国早期妇女解放运动的高潮，它不仅使更多的中国女性解开了裹脚布，还使得她们为了追求独立和自由走出了家门。然而，她们还有很长的一段路要走。在20世纪二三十年代，新一代年轻有为的女作家在她们的作品中揭示了争取解放是一项多么艰巨的任务。她们需要抗争的东西实在太多了：拒不裹脚要抗争，解开裹脚布要抗争，还要反对包办婚姻，争取接受教育的权利，想办法在经济上自给自足等。这一代女作家写下了她们惨淡的青春期，并最终意识到她们急切而勇敢地为自己设定的任务是很难完成的。她们不仅要与千年前就开始的古老而野蛮的习俗作斗争，还要与那承载了三千多年历史且已经被她们内化的儒家价值观作斗争。

中国女子是在儒家"三从四德"的训诫下长大的。如果一个女孩有幸没有被遗弃、出售或送人,而是顺利长大成人,那她只有嫁人生子才有可能获得安全保障和美满生活。但要想嫁得出去,她必须拥有一双大小和形状都合乎理想的"三寸金莲"。在待人接物时,她必须展现出"四德"——妇德、妇言、妇容、妇功。无论在身体、情感还是精神上,一个侥幸被容许生存的女孩从出生起就被父权牢牢地束缚住了。娜拉能在中国这样的土壤里生根发芽吗?娜拉能在复杂的家庭和宗族制度中找到自我、自由和幸福吗?

1900年以来,中国女性的斗争揭示了孝女反抗父权、争取身份认同的心理。秋瑾是一位真正的先驱,她努力为女性的苦难发声。可惜这项任务实在太艰巨了,孤军奋战的她不可避免地成为烈士。秋瑾是女性急需的榜样,她能够激励她们鼓起勇气为自己的幸福和自由权利而战。

二战结束后,世界迎来了一个快速增长的繁荣期,见证了人口在婴儿潮一代的爆炸式增长。华人散居到东南亚、北美和欧洲等地。我们在第八章详细介绍的秦家懿就是一个很好的例子。这位逃难到异国他乡的中国女子让我们看到,为了对抗时代施加给她的困境,她是如何隐喻性地试图解放自己的双脚的。秦家懿先后将自己奉献给教会和大学,以这样的方式向父权制效忠,并因此功成名就。但在此过程中,她忽视了自己身上的阴性本质和内心感受。在回忆录中,秦家懿承认可能是对身体的忽视导致了乳腺癌的复发,最终夺走了她的生命。她祈求女娲和西王母的帮助和保佑。她的最后一个梦是向圣母和圣婴祈祷，这表明她渴望与阴性本质建立连接。名为《化蝶》的回忆录是她与这个世界分享的最后信息。这是一场与灵魂的内在对话，浓缩了一个成功女性发现自我的全过程，遗憾的是，她没有足够的时间将自己得来不易的阴性智慧用在生活中。

我们分别在第四章、第九章和第十章讲述了明珠、露比和碧玉的故事，对这几位现代女性的分析更详细地揭示了缠足心理背后的复杂心态和内在动力，尽管她们并未像她们的祖母那样真的被裹成了小脚。在向内探索的过程中，她们的梦境和日记反映了万事以生存为先的心理，为此她们竭尽全力地去适应环境，哪怕牺牲个人成长也在所不惜。从她们的经历中，我们看到了一种"弃儿"心态，也就是说，她们会不自觉地积极表现，这说明她们在无意识中渴望得到爱和认可，在努力体现自我价值。在青春期和成年早期，她们用取得的成就和力求完美的表现来建立自尊的基础，而恐惧、羞愧和内疚则成为与她们的权威情结相关的核心情绪。似乎总是有一股力量驱使着她们去努力表现，去"做到最好"，这让她们形成了一种取悦他人的模式，同时又总是觉得自己还不够好，内心总是充满自卑。无论她们做什么，都必须做到尽善尽美——但永远都不够好。她们努力表现，努力取悦父权，但不管怎么做都不够。她们被那股力量驱使着不停地向前冲，直到这股能量自发地掌控了一切，她们在惊慌失措中冲进了"黑洞"。

这几位年轻的女子都苦于相似的"被附身"症状，这也是她们求助于心理分析的主要原因。她们之所以出现抑郁症状，是因为在挣扎求生中她们害怕被自己内心的黑暗和空虚吞噬。而在黑暗和空虚中，躲藏着一个被遗弃的孩子，在绝望中等待被救赎。苏黎世荣格学派心理学家凯瑟琳·阿斯珀-布鲁格瑟（Kathrin Asper-Bruggisser）对遗弃和自恋障碍所做的研究表明，那些被遗弃的孩子通常会为了获得平衡的自我价值感而不断战斗，几乎没有空闲和精力去关注和发展自己。如果在幼年就被连根拔起，她就被切断了与生命根基和自有生活模式的连接，这意味着她会与自我疏离，也找不到安全的立足点。这种情况可能会导致其"自我-自性轴"（the ego-self axis）得不到充分发展，导致她的自我表面上似乎很强大，其实内在很弱，亟须巩固。那些被遗弃的孩子能坚强地活下来，靠的是诺伊曼所说的"紧急自我"（emergency ego），这是人在同时面对内部和外部的毁灭性威胁时发展出来的与之抗衡的自我。我愿称这几个女子为"现代中国的娜拉"，她们的人生经历表明，她们过的确实是"弃儿"的生活，而且还在无意识中寻找"圣童"（the divine child，内在小孩）。这种精神上的探索已经成为她们人生的主题。她们为自己选择了完美的人格面具，就这样活在人群里，而人格面具背后隐藏着她们对被认可、被接纳和被爱的渴望。

这些女子只求活下去的心理源于她们的家庭结构：父亲情感淡薄、自恋，对女儿百般苛求，而母亲对女儿没有共情，并且完全被父权社会及其集体标准、观点和价值观所支配。这种家庭结构使她们产生了根深蒂固的自我认知——自己是"不好的"、不被爱的、不配活着的。她们学会了适应，学会了向外部要求妥协，为自己制定了一整套生存策略。她们被一股力量裹挟着，在生活的舞台上卖力表演，在心理上把自己变成了完美的艺伎，尺寸完美的小脚被包裹在精心制作的绣花鞋里。但在内心深处，她们已被凝固，石化在一个由固定的法律和权威组成的静态世界中。她们奉献自己的人生，只是为了证明自己的存在是合理的。她们没有真正地活过，只是存在过，没有触摸过自己生命的真谛。在终其一生兢兢业业的背后，隐藏着她们对生活强烈的不安全感和恐惧。那些被她们隐藏在恐惧和愤怒中、被死死压抑的能量需要释放出来，用于发现自我和关爱自我。

在刚开始进行心理分析时，这几位女子都声称与父亲的关系"亲密"，并明确表达了对父亲的爱。随后的分析帮助她们揭开了父亲的神秘面纱，发现了她们曾被背叛的经历和内心的负面情绪，尤其是因身为女孩而被"利用"和不被爱的感觉。她们很小就学会了"迎合"父亲的情感需求，对他"全心全意"。她们成了父亲的"掌上明珠"。她们属于父亲，为父亲服务。在夫妻不合而母亲对女儿漠不关心的情况下，精神上的乱伦是不可避免的。在心理上，女儿被父亲视为自己的童养媳。因此，孝顺是一把双刃剑：从深层心理的角度看，它所要求的绝对忠诚实际上是在持续地伤害女儿正在萌芽的阴性本质。为了尽孝，女儿要为父权制服务，没有机会发挥自己的自然潜能。她成了一株被不断修剪、不容许自然生长的盆景植物。盲目的孝顺无疑是错误的意识，它阻碍了女性的成长，毁灭了女性的灵魂。

她们与母亲的关系也岌岌可危、矛盾重重。在中国传统家庭中，母亲只在乎儿子以及与儿子有血缘关系的男性过得好不好。女儿在家庭制度中是没有任何地位的。如果一个女孩没有被遗弃、卖掉或送人，而是顺利地长大成人，那真是要感谢父母的宽宏大量。母爱之手往往受制于父权制家庭结构而成为背叛之手。母亲首先要维护自己在家庭中的利益，然后才能考虑女儿的利益。一旦出嫁，女儿就像被泼出去的水。在过去，女孩通常被称为"赔钱货"，因为永远无法偿付家庭养育自己的花费。

书中提到的这几位女子都流露出对母亲的负面情绪。她们对母亲的描述是聪明、能干、霸道、冷漠、没有女人味，而慈爱、体贴、呵护等通常与正面母亲相关的品质是不存在的。整个家庭被负面母亲或"巫婆母亲"掌控着。碧玉的母亲很接近童话故事《韩赛尔与格蕾特》（*Hansel and Gretel*）中的女巫形象，她喂养孩子是为了满足自己贪得无厌的欲望。明珠的母亲差不多类似《白雪公主》中的邪恶皇后，她贪求别人的赞美，沉溺于顾影自怜。露比的母亲与《灰姑娘》中的继母很像，她要求女儿绝对顺从，无情地压榨女儿却不给任何回报，以此方式打压女儿。

这些母亲都要求女儿通过自律勤奋来获得成功，但这个目标更多是为了她们自己未曾实现的抱负，与女儿的现实生活状况没有多大关系。她们那无用武之地的驱动力是生殖器能量，被象征性地用作"裹脚布"，无情地摧毁了女儿的双脚和她们与生俱来的立足点。因为她们已经与自己的阴性本质割裂，所以她们不容许，事实上也没有能力让女儿成长为真正的女人。嫉妒和竞争成为母女关系最大的特点。当"正面母亲"原型的命运岌岌可危时，现实中的母亲和父亲一样失职。找回阴性本质成为一项异常艰巨、几乎不可能完成的任务。

在面对灵魂的黑夜时,我们的几个女主角都有过病理性的哀伤体验。她们泪如雨下,而在她们成长的过程中,这是被禁止和鄙视的。她们发现"不必以流泪为耻,因为眼泪见证了一个人最大的勇气——承受痛苦的勇气"。[1] 在《孩子》(The Child)一书中,埃里克·诺伊曼(Eric Neumann)对这种深陷黑暗的体验做了精彩的描述。在触摸自己的原点、看到自己的成长时,在重新找回自己的感受时,这些勇敢的女性终于能将自己置于"此时此地",将自己的立足点"牢牢地锚定在大地上"。在分析过程中,她们感受到了沉默的内在小孩的愤怒,并随之释放出被压抑的能量,这些能量足以让她们在生活中取得长足的进步。她们的治疗历程可被理解为找到了回家的路,发现了心灵的归属,加深了对自己的爱。

通过分析,我们的女主角们开始正视现实中的父亲和心目中的父亲原型,发现她们与两者的关系都是矛盾的。认识到这一点后,她们就能够正确地看待自己的职业了。在重新评估与母亲以及阴性本质的关系后,她们开始考虑改变自己的职业以契合新的生活态度。她们曾被父亲抛弃,但新发现的阴性自我让她们鼓起勇气抛弃了"父亲",以她们的阴性本能、自然的渴望和需求为指导开始了新的生活。

然而,她们与父亲原型的密切关系并不完全是消极的,因为通过这种关系,她们接触到"神明",并因此重新发现了自己本能的灵性。

---

[1] Marion Woodman, *Addiction to Perfection* (Toronto: Inner City Books, 1982), p.68.

在碧玉的梦中，原始灶神是一位身着红衣的年轻女子，被一位老妇人搂在怀里摇晃着，在缓慢的舞步中，老妇人帮助她解开了双脚的束缚，这个梦让碧玉重新与血脉中古老的农耕文明建立了连接，并让自己的心灵得到疗愈。她重拾儿时的激情，学习道家炼丹术、瑜伽、太极和中医。明珠与母亲关系的修复，为她提供了通向大母神的桥梁，大母神是为她提供文化认同和保护的主要来源，特别是考虑到她的家庭背井离乡、在不同国家漂泊的动荡岁月，就能明白这对她具有何等非凡的意义。她改做兼职工作，开始练习禅修，并形成了一整套属于自己的日常仪式，如诵经、祈祷和弹钢琴。露比在梦中得到了祖母（她在现实中从未与祖母接触过）的祝福，这让她在寻找身份认同感的过程中体验到了完整感。露比借助梦打开了新世界，对自己的人生道路有了更清晰的认识。她感觉内心变得更踏实了，对真实的自己更有信心了。后来，她和伴侣一起搬到了西海岸，开始了新的生活。

这几位女子经历的共同挑战是，她们必须潜入无意识，去弥合自然本性与理性精神之间的鸿沟。这也是潜入"自然母亲"（Mother Nature）本能世界的探寻之旅，从中可以产生一种新的理性精神。根据荣格的说法，"自然本身有一个精神目标"。如果找不到精神上的意义，女性的人生就会变成一片荒芜。在阳性精神的帮助下，这几位勇敢的女子找到了阴性本质，这是她们自己的真实本性——一种她们已经忘记的本性。几千年的文化演变迫使她们放弃了与这一本质的关系。通过阿尼姆斯，她们与自己存在的真正基础建立了一种有意识的关系。借由梦境和来自身体的信息，以及遵循她们内在的自然法则，我们的几位主角找回了最初的完整。

这些年轻女性都遭受过心理上的缠足，她们都在不得已的情况下直面自己的内心世界，鼓起勇气解开了"裹脚布"。在面对内心的黑暗时，她们经历了象征性的死亡，即内心分裂和解体的威胁。当有意识地将这种经历视为向"自性"的屈服时，这种象征性死亡会带来重生和心灵的更新。对于她们来说，死亡让内心那个愤怒而沉默的孩子重见天日，现在这个孩子可以站在大地上，从"此时此地"出发走向未来。当她们对身为女子的感受越来越深时，就会听从内心的指引，选择属于自己的人生道路。荣格认为，抑郁是一种足以把人压倒的力量，但人也可以从中获得新的领悟和态度。抑郁使我们的女主角们遭遇了灵魂的黑夜，但也帮助她们找到了自己的阴性立足点。在审视内心的黑暗时，她们也找到了存在的勇气。正是这样的"深海夜航"开启了她们的女性之路。

我对"金莲"背后心理意义的探索，是解开几百年来一直被视为禁忌的"裹脚布"的初步尝试。缠足就像父权制给女子的"下马威"，旧时代的女儿必须咬牙熬过这一关，才能成为父权的"童养媳"。她的"职业生涯"全被生存的需要和对生命的恐惧所支配。现代女性需要经历"放足"的过程，才能找到自己的阴性立足点，成为真正的"新娘"。她想选择什么职业，应该视她具有哪方面的才华和爱好而定。我为明珠、露比和碧玉感到高兴，因为她们找到了自主权，踏入了人生的新阶段。

当思考她们未来的各种可能性时，我不断想起童年记忆中那个被困在街上的女子。她有着我迄今见过的最美的脸，脸上的表情属于一个足不出户、一生困于"内闱"的人。不论我多么努力，都无从猜测她未来的命运。不过，我总是会想起她那双穿着精美绣花鞋的小脚。如此一来，我对她的记忆又回到了最初对她命运的追问——我又回到了原点。

然而，当我按照梦中的指引结束在西方旅居40年的生活重返亚洲后，这位女子的形象却发生了变化。在过去的几年里，我开始接待来自中国（包括港澳台）和新加坡的女性来访者。在亚洲，我目睹了华人女性遭受的苦难，她们一直承受着沉重的压力，为了更好的生活而打拼，不放过任何一个可能改善生活水平和物质条件的机会。生存被她们放在了第一位，与之相比，性别主义、女权主义和性别平等的议题根本不值一提。她们每天一睁眼就面临着生存和生活的挑战，她们的艰苦奋斗似乎永无止境。看到这样的艰辛，我不禁又回想起童年记忆中的那张脸——那个被困在街上的女子。我仍然记得她凝视虚空时眼中流露的恐惧。而现在，我在任何地方都能看到她的脸，眼睛里充满了同样的恐惧，但那种沉默的尊严消失了。她忙着跑腿，忙着完成工作，忙着完成交易，忙着签字。她身兼多职——招聘、解雇、计划、管理、组织。她无处不在但又处处不在，四处奔波，精疲力尽，忙得不着家。她是这些亚洲城市中常见的面孔。

举几个例子：一位女士走进我的咨询室寻求帮助。她是一位42岁的单身女性，半年前才做了子宫切除手术，最近的一份体检报告显示她患有乳腺癌。但是，她没办法减少工作时间，因为她是公司的合伙人。她每个月都要在亚洲巡视，监察公司在该地区的办事处。另一位女士

44岁，也是单身，患有淋巴癌。她在银行工作，是一个工作狂，在过往的人生中可谓春风得意，在维护身体健康方面也一直做得很好，比如去健身房锻炼、跑马拉松、坚持健康饮食以及尝试各种自我保健方法。但是，她对释梦的方法持怀疑态度。她想要快速地解决问题，因此决定不接受心理治疗，转头去看了算命先生！还有一位32岁的女性，她虽然患有抑郁症，却没有时间关注自己。她已婚，有两个年幼的孩子，有一份管理社会福利项目的全职工作，同时还在攻读博士学位和一门认证课程。然而，尽管取得了一些成绩，但她觉得自己作为母亲和项目经理都不够称职，并为自己没有做得更多而感到内疚。她向我坦言，她无法超越成就非凡的婆婆。从心理上讲，这些女子的双脚都被裹住了，她们的生活被限制为按照规定的角色进行"表演"，而不是遵从自己内心的需要做事。

但是，也有一些这样的女性设法找到了我的咨询室，并鼓起勇气审视自己的灵魂。当她们在分析过程中倾诉自己的故事时，我为自己能与她们相遇而感到谦卑和荣幸。我了解到，依然有小女孩被她们的母亲卖掉或送人，或者被她们的继母和/或父亲虐待；依然有妻子被当作物品和性工具来交易。但是，她们的心灵也始终保持着警惕，努力让她们感受到它的存在，听到它的声音，用合适的方式向她们示警。例如，有关"分尸"的主题会反复出现在一些来访者的梦里并伴随着强烈的情绪。一位25岁的女子梦见自己正在用锯子把母亲切成碎片。另一位年轻女子梦见她杀死了一个与自己一模一样的女子，她把这个"复制品"抱在怀里，然后把它切成碎片。这一主题强调了女性迫切需要认识自己，明白自己作为女性的身份，并要分清心灵的哪些诉求是来自身体，哪些是来自灵魂的。

当她们终于鼓起勇气去面对自己的痛苦和磨难时，就会得到大母神的积极支持。一位年轻女子在接受几个月的心理分析后，梦见一只仙鹤来到她的新房子拜访她。这只仙鹤绕着房子转了一圈，彻底检查了一番，然后离开，留下了三根羽毛作为纪念。梦醒后，她感到自己沐浴在一种奇异但令人喜悦的恩典中。我们知道，仙鹤是西王母的使者，而西王母是大母神和宇宙统治者。梦中的新房子代表她拥有的新的精神结构，它会随着自我认识的加深而不断扩展。仙鹤赠送的羽毛代表她可以纳入生活的新想法。她的其中一个想法就是利用获得奖学金的机会去外国学习，推动她的专业能力朝着新的方向发展。

还有一位患有产后抑郁症的女子，她梦见自己在天空的云层中飞行，突然惊奇地发现自己其实是一条龙，拥有锋利的爪子、坚固闪亮的鳞片和厚实的肌肉。虽然醒来后被吓坏了，但她知道这个梦必然具有重大意义，因为她认识到，自从成为母亲后，她就重新获得了与生俱来的内在力量，那是鸿蒙初开时女性就被赋予的力量——既可给予生命，也可接受生命。这是一个来自灵魂深处且具有启迪意义的梦，暗示她的人生进入了新阶段，新的自我已经出现。

在第五章，我们提到了一个叫晶晶的女子，她的故事反映了人类面对极端困难时的顽强精神。当孤独、沮丧、失业的晶晶以象征性的形式用残破的线轴编织她的人生故事时，这些线就成了通往她灵魂的生命线。她在孤独中坚持着，在重复绕线的动作中得到了安慰。仕孤独中,她能够与自己的愤怒和抑郁沟通。历时 3 年,那些黑线被她缠绕成 3 个线团,每个重达 30 公斤。它们以如此具体的形式象征着她那真实而本质的痛苦,是她深入黑太阳之旅的真实写照。[①] 在深层心理意义上,用线制成各种作品的行为将她与织女的神话联系在一起,而织女是西王母(大母神)永恒的一部分。在这种具有治愈性的连接中,晶晶的旧我在泪水中消融,与此同时新我诞生了。她最终以艺术家的新身份重回世人眼中。在她的作品中,球和迷宫是最抢眼的艺术形象。

从这些亚洲女性的个案分析中可以看出,治愈来自灵魂,来自与阴性本质和既是万物之始也是万物之母的大母神的连接。在亚洲父权文化中,女性与阴性本质的连接很重要也很必要,唯有如此才能防止心灵因偏颇而失衡,并有助于促进阴性本质的发展。治愈来自大母神,我们因之而生,死后也会复归其中。我在亚洲的执业经历让我对女性的发展有了新的认识,因为我目睹了这些女性在自我意识觉醒后展开的激烈斗争。只有在有所牺牲后,我们才会鼓起勇气去寻找自己真正的人生道路。

从明珠、露比和碧玉的故事中可以看到,她们迫切需要在自己所处的西方社会中寻找身份认同,找到自己的定位,她们为之做出了不屈不挠的努力。要在强调个人的西方文化中发展自我,她们需要应对

[①] 关于黑太阳更深入的讨论,请参见: Stan Marlan, *The Black Sun: The Alchemy and Art of Darkness* (College Station,TX: Texas A&M University Press, 2005)。

来自各方面的挑战，包括设定目标、严格自律、获得成就、与人竞争、自我认同、自信、自尊、实现自我满足等。然而，这些个人特质在亚洲并不受重视，因为在亚洲文化里，个人并不被视为独立的个体，而是家庭、家族、团体或社区的一员，群体中的关系模式已经被权威和权力结构固化了。晶晶的痛苦和她的内心转变过程一直是一个不为人知的秘密，没有人知道她经历了什么，只知道她离开了家人，消失了一段时间。在我的分析治疗中，不断有个案质疑自性化有何意义。一位来访者在经过几个月的分析之后，开始体验到内心的冲突，不仅开始质疑自己在职场中与权威的关系，还开始质疑自己与家人的关系。在接受分析之前，她对自己、工作和生活都相对满意。自然而然地，她开始怀疑自己接受心理分析的动机，怀疑是否还有必要继续进行分析。在她目前的意识状态下，想要为自性化找到一个与其从前的认知一致的定义，必然会引发关于群体和谐与社会融合的问题，这让她更加左右为难了。禅宗传下来的《十牛图》所示的"明心见性"一词可能更容易引起亚洲人的共鸣。这些图画以艺术的形式表达了何为"开悟"，可以被视为对荣格所说的"自性化过程"的最生动的描绘。过去20年的分析经验让我非常清楚地知道，荣格心理学既尊重阴性本质，也尊重灵魂，所以可能更适合亚洲人。当然，这是一个非常具有挑战性的研究领域，需要进一步的反省和思考。这项任务等待着更多的女性和男性鼓起勇气踏上探索内心的旅程，见证并照亮集体的心灵。

在探究缠足的心理意义时，我脑子里突然灵光一闪，想道：女性心理层面的"金莲"其实意味着生与死的斗争。作为一个象征符号，它将连接着本源的相反两极结合在一起。它包含永生的秘密，这是其最高价值所在。对于女性来说，这意味着来自新时代的挑战，即兼具阴阳特质的发展。"金莲"象征着荣格认为的"代价最高昂的事物之一"，即个性的发展。"一切美好的事物都是代价高昂的，而个性的发展是其中之最。它意味着你要对自己说'是'，要把自己当作最严肃的任务来对待，要对自己所做的每一件事都保持清醒的认识，要时刻审视自己的所作所为，对所有可疑之处时刻保持警觉。这确实是一个让我们付出最大代价的任务。"荣格说，"人格即'道'。"

致　谢

首先，我要对玛丽恩·伍德曼博士表示深深的感谢，她是我的第一位分析师，也是我的导师。正是在伍德曼博士的帮助下，我来到了位于瑞士苏黎世库斯纳赫特的荣格研究所。在这里我接受了分析师培训，并萌生了写这本书的念头。感谢荣格，他让我在接受分析的过程中发现了丰富的内心资源，也让我对中国的文化传承有了全新的认识。

我还要感谢众多鼓励我通过研究缠足去探索中国文化的分析师、老师、同事和朋友，特别是那些在我灰心丧气时站出来提醒我这项研究于人有益的朋友。感谢已故的玛丽-路易丝·冯·弗朗茨博士、理查德·波普（Richard Pope）博士、彼得·瓦尔德（Peter Walder）博士、赫伦·马丁·奥德马特（Herren Martin Odermatt）博士以及约翰·希尔（John Hill）博士，感谢他们的慈爱和慈悲，他们默默地支持着我，指引着我的内心旅程。非常感谢乌苏拉·沃尔茨（Ursula Wirtz）博士在本书写作过程中提出的宝贵意见。同时，我还要向多伦多职业道德培训计划的同事们表示由衷的感谢。

感谢那些在各种情形下（尤其是在多年的分析治疗工作中）同我

倾诉心事的人们。我很荣幸能得到这些女性的信任，让她们对我敞开心扉。她们的坦诚让我更好地了解她们的心理，并通过她们了解其他女性和我自己的心理。我的分析对象是我最好的老师，在此向每个人致以最深切的感谢。

感谢简·筱田·博伦（Jean Shinoda Bolen）博士，是她点燃我内心第一朵想成为作家的小火花，是她的当头棒喝将我从浑浑噩噩中唤醒，促使我行动起来。衷心感谢埃伦·希勒（Ellen Shearer）博士，她是我写作道路上的指路明灯。她最初的职业是芭蕾舞演员，这使得她对缠足和阴性本质的理解洞幽烛微。此外，还要感谢克里斯蒂·沈在图画编辑工作上所做的贡献。

最后，感谢我的家人——我的父母，尤其是我的兄弟姐妹，感谢他们在情感和精神上对我的支持。衷心感谢肯·亚当（Ken S. Adam）博士，他是我宝贵的灵感来源，在我朝着未知领域前进的探索之旅中，他在情感和精神上给了我最需要的包容空间。

我还要感谢伦敦劳特利奇出版社（Routledge）的出版人凯特·霍斯（Kate Hawes）和助理编辑简·哈里斯（Jane Harris），感谢他们与制作团队一起承担了这个项目，感谢他们的指导、耐心和合作。

感谢每一个人。

马思恩

于中国香港